한솔 완벽한 연산

수학은 마라톤입니다.
지금 여러분은 출발 지점에 서 있습니다.
초등학교 저학년 때는
수학 마라톤을 잘 하기 위해
기초 체력을 튼튼히 길러야 합니다.

한솔 완벽한 연산으로 시작하세요.
마라톤을 잘 뛸 수 있는 완벽한 연산 실력을 키워줍니다.

한솔스쿨

❓ 왜 완벽한 연산인가요?

🖉 기초 연산은 물론, 학교 연산까지 이 책 시리즈 하나면 완벽하게 끝나기 때문입니다. '한솔 완벽한 연산'은 하루 8쪽씩, 5일 동안 4주분을 학습하고, 마지막 주에는 학교 시험에 완벽하게 대비할 수 있도록 '연산 UP' 16쪽을 추가로 제공합니다. 매일 꾸준한 연습으로 연산 실력을 키우기에 충분한 학습량입니다.

'한솔 완벽한 연산' 하나면 기초 연산도 학교 연산도 완벽하게 대비할 수 있습니다.

❓ 몇 단계로 구성되고, 몇 학년이 풀 수 있나요?

🖉 모두 6단계로 구성되어 있습니다.

'한솔 완벽한 연산'은 한 단계가 1개 학년이 아닙니다. 연산의 기초 훈련이 가장 필요한 시기인 초등 2~3학년에 집중하여 여러 단계로 구성하였습니다.

이 시기에는 수학의 기초 체력을 튼튼히 길러야 하니까요.

단계	권장 학년	학습 내용
MA	6~7세	100까지의 수, 더하기와 빼기
MB	초등 1~2학년	한 자리 수의 덧셈, 두 자리 수의 덧셈
MC	초등 1~2학년	두 자리 수의 덧셈과 뺄셈
MD	초등 2~3학년	두 · 세 자리 수의 덧셈과 뺄셈
ME	초등 2~3학년	곱셈구구, (두 · 세 자리 수)×(한 자리 수), (두 · 세 자리 수)÷(한 자리 수)
MF	초등 3~4학년	(두 · 세 자리 수)×(두 자리 수), (두 · 세 자리 수)÷(두 자리 수), 분수 · 소수의 덧셈과 뺄셈

❓ 책 한 권은 어떻게 구성되어 있나요?

✎ 책 한 권은 모두 4주 학습으로 구성되어 있습니다.

한 주는 모두 40쪽으로 하루에 8쪽씩, 5일 동안 푸는 것을 권장합니다.

마지막 5주차에는 학교 시험에 대비할 수 있는 '연산 UP'을 학습합니다.

❓ '한솔 완벽한 연산'도 매일매일 풀어야 하나요?

✎ 물론입니다. 매일매일 규칙적으로 연습을 해야 연산 능력이 향상되기 때문입니다.

월요일부터 금요일까지 매일 8쪽씩, 4주 동안 규칙적으로 풀고, 마지막 주에 '연산 UP' 16쪽을 다 풀면 한 권 학습이 끝납니다.

매일매일 푸는 습관이 잡히면 개인 진도에 따라 두 달에 3권을 푸는 것도 가능합니다.

❓ 하루 8쪽씩이라구요? 너무 많은 양 아닌가요?

✎ '한솔 완벽한 연산'은 술술 풀면서 잘 넘어가는 학습지입니다.

공부하는 학생 입장에서는 빡빡한 문제를 4쪽 푸는 것보다 술술 넘어가는 문제를 8쪽 푸는 것이 훨씬 큰 성취감을 느낄 수 있습니다.

'한솔 완벽한 연산'은 학생의 연령을 고려해 쪽당 학습량을 전략적으로 구성했습니다. 그래서 학생이 부담을 덜 느끼면서 효과적으로 학습할 수 있습니다.

학교 진도와 맞추려면 어떻게 공부해야 하나요?

✏️ 이 책은 한 권을 한 달 동안 푸는 것을 권장합니다.
각 단계별 학교 진도는 다음과 같습니다.

단계	MA	MB	MC	MD	ME	MF
권 수	8권	5권	7권	7권	7권	7권
학교 진도	초등 이전	초등 1학년	초등 2학년	초등 3학년	초등 3학년	초등 4학년

초등학교 1학년이 3월에 MB 단계부터 매달 1권씩 꾸준히 푼다고 한다면 2학년이 시작될 때 MD 단계를 풀게 되고, 3학년 때 MF 단계(4학년 과정)까지 마무리할 수 있습니다.

이 책 시리즈로 꼼꼼히 학습하게 되면 일반 방문학습지 못지 않게 충분한 연산 실력을 쌓게 되고 조금씩 다음 학년 진도까지 학습할 수 있다는 장점이 있습니다.

매일 꾸준히 성실하게 학습한다면 학년 구분 없이 원하는 진도를 스스로 계획하고 진행해 나갈 수 있습니다.

 '연산 UP'은 어떻게 공부해야 하나요?

✏️ '연산 UP'은 4주 동안 훈련한 연산 능력을 확인하는 과정이자 학교에서 흔히 접하는 계산 유형 문제까지 접할 수 있는 코너입니다.
'연산 UP'의 구성은 다음과 같습니다.

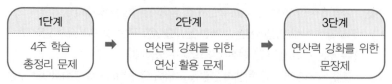

'연산 UP'은 모두 16쪽으로 구성되었으므로 하루 8쪽씩 2일 동안 학습하고, 다음 단계로 진행할 것을 권장합니다.

MA 6~7세

권	제목		주차별 학습 내용
1	20까지의 수 1	1주	5까지의 수 (1)
		2주	5까지의 수 (2)
		3주	5까지의 수 (3)
		4주	10까지의 수
2	20까지의 수 2	1주	10까지의 수 (1)
		2주	10까지의 수 (2)
		3주	20까지의 수 (1)
		4주	20까지의 수 (2)
3	20까지의 수 3	1주	20까지의 수 (1)
		2주	20까지의 수 (2)
		3주	20까지의 수 (3)
		4주	20까지의 수 (4)
4	50까지의 수	1주	50까지의 수 (1)
		2주	50까지의 수 (2)
		3주	50까지의 수 (3)
		4주	50까지의 수 (4)
5	1000까지의 수	1주	100까지의 수 (1)
		2주	100까지의 수 (2)
		3주	100까지의 수 (3)
		4주	1000까지의 수
6	수 가르기와 모으기	1주	수 가르기 (1)
		2주	수 가르기 (2)
		3주	수 모으기 (1)
		4주	수 모으기 (2)
7	덧셈의 기초	1주	상황 속 덧셈
		2주	더하기 1
		3주	더하기 2
		4주	더하기 3
8	뺄셈의 기초	1주	상황 속 뺄셈
		2주	빼기 1
		3주	빼기 2
		4주	빼기 3

MB 초등 1·2학년 ①

권	제목		주차별 학습 내용
1	덧셈 1	1주	받아올림이 없는 (한 자리 수)+(한 자리 수) (1)
		2주	받아올림이 없는 (한 자리 수)+(한 자리 수) (2)
		3주	받아올림이 없는 (한 자리 수)+(한 자리 수) (3)
		4주	받아올림이 없는 (두 자리 수)+(한 자리 수)
2	덧셈 2	1주	받아올림이 없는 (두 자리 수)+(한 자리 수)
		2주	받아올림이 있는 (한 자리 수)+(한 자리 수) (1)
		3주	받아올림이 있는 (한 자리 수)+(한 자리 수) (2)
		4주	받아올림이 있는 (한 자리 수)+(한 자리 수) (3)
3	뺄셈 1	1주	(한 자리 수)−(한 자리 수) (1)
		2주	(한 자리 수)−(한 자리 수) (2)
		3주	(한 자리 수)−(한 자리 수) (3)
		4주	받아내림이 없는 (두 자리 수)−(한 자리 수)
4	뺄셈 2	1주	받아내림이 없는 (두 자리 수)−(한 자리 수)
		2주	받아내림이 있는 (두 자리 수)−(한 자리 수) (1)
		3주	받아내림이 있는 (두 자리 수)−(한 자리 수) (2)
		4주	받아내림이 있는 (두 자리 수)−(한 자리 수) (3)
5	덧셈과 뺄셈의 완성	1주	(한 자리 수)+(한 자리 수), (한 자리 수)−(한 자리 수)
		2주	세 수의 덧셈, 세 수의 뺄셈 (1)
		3주	(두 자리 수)+(한 자리 수), (두 자리 수)−(한 자리 수)
		4주	세 수의 덧셈, 세 수의 뺄셈 (2)

ME 초등 2 · 3학년 ②

권	제목	주차별 학습 내용	
1	곱셈구구	1주	곱셈구구 (1)
		2주	곱셈구구 (2)
		3주	곱셈구구 (3)
		4주	곱셈구구 (4)
2	(두 자리 수)×(한 자리 수) 1	1주	곱셈구구 종합
		2주	(두 자리 수)×(한 자리 수) (1)
		3주	(두 자리 수)×(한 자리 수) (2)
		4주	(두 자리 수)×(한 자리 수) (3)
3	(두 자리 수)×(한 자리 수) 2	1주	(두 자리 수)×(한 자리 수) (1)
		2주	(두 자리 수)×(한 자리 수) (2)
		3주	(두 자리 수)×(한 자리 수) (3)
		4주	(두 자리 수)×(한 자리 수) (4)
4	(세 자리 수)×(한 자리 수)	1주	(세 자리 수)×(한 자리 수) (1)
		2주	(세 자리 수)×(한 자리 수) (2)
		3주	(세 자리 수)×(한 자리 수) (3)
		4주	곱셈 종합
5	(두 자리 수)÷(한 자리 수) 1	1주	나눗셈의 기초 (1)
		2주	나눗셈의 기초 (2)
		3주	나눗셈의 기초 (3)
		4주	(두 자리 수)÷(한 자리 수)
6	(두 자리 수)÷(한 자리 수) 2	1주	(두 자리 수)÷(한 자리 수) (1)
		2주	(두 자리 수)÷(한 자리 수) (2)
		3주	(두 자리 수)÷(한 자리 수) (3)
		4주	(두 자리 수)÷(한 자리 수) (4)
7	(두·세 자리 수)÷(한 자리 수)	1주	(두 자리 수)÷(한 자리 수) (1)
		2주	(두 자리 수)÷(한 자리 수) (2)
		3주	(세 자리 수)÷(한 자리 수) (1)
		4주	(세 자리 수)÷(한 자리 수) (2)

MF 초등 3 · 4학년

권	제목	주차별 학습 내용	
1	(두 자리 수)×(두 자리 수)	1주	(두 자리 수)×(한 자리 수)
		2주	(두 자리 수)×(두 자리 수) (1)
		3주	(두 자리 수)×(두 자리 수) (2)
		4주	(두 자리 수)×(두 자리 수) (3)
2	(두·세 자리 수)×(두 자리 수)	1주	(두 자리 수)×(두 자리 수)
		2주	(세 자리 수)×(두 자리 수) (1)
		3주	(세 자리 수)×(두 자리 수) (2)
		4주	곱셈의 완성
3	(두 자리 수)÷(두 자리 수)	1주	(두 자리 수)÷(두 자리 수) (1)
		2주	(두 자리 수)÷(두 자리 수) (2)
		3주	(두 자리 수)÷(두 자리 수) (3)
		4주	(두 자리 수)÷(두 자리 수) (4)
4	(세 자리 수)÷(두 자리 수)	1주	(세 자리 수)÷(두 자리 수) (1)
		2주	(세 자리 수)÷(두 자리 수) (2)
		3주	(세 자리 수)÷(두 자리 수) (3)
		4주	나눗셈의 완성
5	혼합 계산	1주	혼합 계산 (1)
		2주	혼합 계산 (2)
		3주	혼합 계산 (3)
		4주	곱셈과 나눗셈, 혼합 계산 총정리
6	분수의 덧셈과 뺄셈	1주	분수의 덧셈 (1)
		2주	분수의 덧셈 (2)
		3주	분수의 뺄셈 (1)
		4주	분수의 뺄셈 (2)
7	소수의 덧셈과 뺄셈	1주	분수의 덧셈과 뺄셈
		2주	소수의 기초 소수의 덧셈과 뺄셈 (1)
		3주	소수의 덧셈과 뺄셈 (2)
		4주	소수의 덧셈과 뺄셈 (3)

주별 학습 내용 ME단계 ❻권

(두 자리 수)÷(한 자리 수) (1)

요일	교재 번호	학습한 날짜		확인
1일차(월)	01~08	월	일	
2일차(화)	09~16	월	일	
3일차(수)	17~24	월	일	
4일차(목)	25~32	월	일	
5일차(금)	33~40	월	일	

ME01 (두 자리 수) ÷ (한 자리 수) (1)

● 나눗셈을 하시오.

(1)

2) 1 0

(5)

4) 1 8

(2)

4) 2 0

(6)

6) 4 5

(3)

6) 2 4

(7)

7) 2 2

(4)

7) 1 4

(8)

9) 2 0

(9)

$$3 \overline{)\ 1\quad 2}$$

(13)

$$4 \overline{)\ 3\quad 0}$$

(10)

$$5 \overline{)\ 1\quad 5}$$

(14)

$$7 \overline{)\ 4\quad 3}$$

(11)

$$9 \overline{)\ 1\quad 8}$$

(15)

$$9 \overline{)\ 3\quad 9}$$

(12)

$$4 \overline{)\ 2\quad 4}$$

(16)

$$8 \overline{)\ 5\quad 2}$$

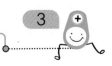

● |보기|와 같이 나눗셈을 하시오.

| 보기 |

$$2\overline{)14} = 7$$

(1)
$$4\overline{)28} = \square$$

(2)
$$5\overline{)25} = \square$$

(3)
$$6\overline{)18} = \square$$

(4)
$$3\overline{)24} = \square$$

(5)
$$7\overline{)42} = \square$$

(6)
$$8\overline{)48} = \square$$

(7)
$$6\overline{)12} = \square$$

Talk
$$2\overline{)14}$$
$$\underline{14}$$
$$0$$
→ 되도록 과정을 쓰지 않고, 바로 몫을 구하는 연습을 합니다.

(8)

$2\overline{)16}$

(9)

$7\overline{)21}$

(10)

$6\overline{)36}$

(11)

$9\overline{)54}$

(12)

$4\overline{)36}$

(13)

$5\overline{)40}$

(14)

$9\overline{)27}$

(15)

$8\overline{)32}$

5

● |보기|와 같이 나눗셈을 하시오.

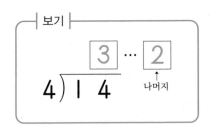

보기

$$3 \cdots 2$$

4)1 4 ← 나머지

(1)
$$\square \cdots \square$$
2)1 5

(2)
$$\square \cdots \square$$
5)2 7

(3)
$$\square \cdots \square$$
7)3 0

(4)
$$\square \cdots \square$$
7)2 4

(5)
$$\square \cdots \square$$
6)1 6

(6)
$$\square \cdots \square$$
8)2 0

(7)
$$\square \cdots \square$$
4)1 9

(8)
$$3\overline{)2\ 2}$$ □ ⋯ □

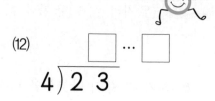

(12)
$$4\overline{)2\ 3}$$ □ ⋯ □

(9)
$$3\overline{)2\ 9}$$ □ ⋯ □

(13)
$$5\overline{)3\ 4}$$ □ ⋯ □

(10)
$$6\overline{)3\ 1}$$ □ ⋯ □

(14)
$$8\overline{)2\ 5}$$ □ ⋯ □

(11)
$$7\overline{)3\ 7}$$ □ ⋯ □

(15)
$$9\overline{)2\ 2}$$ □ ⋯ □

ME01 (두 자리 수) ÷ (한 자리 수) (1)

● 나눗셈을 하시오.

(1)
$$2\overline{)1\ 9}$$ □ … □

(5)
$$6\overline{)3\ 8}$$ □ … □

(2)
$$4\overline{)3\ 7}$$ □ … □

(6)
$$8\overline{)3\ 5}$$ □ … □

(3)
$$6\overline{)5\ 1}$$ □ … □

(7)
$$7\overline{)3\ 1}$$ □ … □

(4)
$$9\overline{)2\ 8}$$ □ … □

(8)
$$9\overline{)4\ 2}$$ □ … □

(9)

$$3 \overline{) 1\ 7} \quad \square \cdots \square$$

(13)

$$5 \overline{) 4\ 2} \quad \square \cdots \square$$

(10)

$$8 \overline{) 3\ 7} \quad \square \cdots \square$$

(14)

$$6 \overline{) 4\ 3} \quad \square \cdots \square$$

(11)

$$7 \overline{) 2\ 5} \quad \square \cdots \square$$

(15)

$$8 \overline{) 4\ 1} \quad \square \cdots \square$$

(12)

$$9 \overline{) 3\ 5} \quad \square \cdots \square$$

(16)

$$9 \overline{) 4\ 9} \quad \square \cdots \square$$

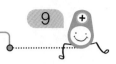

● 나눗셈을 하시오.

(1)

2 ⟌ 1 8

(5)

2 ⟌ 1 1 ⬚ ··· ⬚

(2)

4 ⟌ 3 2

(6)

4 ⟌ 3 1 ⬚ ··· ⬚

(3)

8 ⟌ 5 6

(7)

8 ⟌ 2 6 ⬚ ··· ⬚

(4)

7 ⟌ 4 9

(8)

7 ⟌ 3 7 ⬚ ··· ⬚

(9)

$$5\overline{)2\ 0}$$

(10)

$$3\overline{)2\ 1}$$

(11)

$$6\overline{)4\ 2}$$

(12)

$$9\overline{)3\ 6}$$

(13)

$$5\overline{)2\ 2}\ \cdots\ \square$$

(14)

$$3\overline{)2\ 3}\ \cdots\ \square$$

(15)

$$6\overline{)4\ 0}\ \cdots\ \square$$

(16)

$$9\overline{)4\ 4}\ \cdots\ \square$$

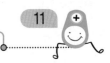

● |보기|와 같이 나눗셈을 하시오.

┌─ |보기| ─────────────┐

$$2 \overline{)1\ 7} = 8 \cdots 1$$

└──────────────────────┘

(4)
$$4 \overline{)2\ 5}$$

(1)
$$6 \overline{)1\ 9}$$

(5)
$$5 \overline{)2\ 1}$$

(2)
$$8 \overline{)1\ 8}$$

(6)
$$7 \overline{)1\ 6}$$

(3)
$$9 \overline{)2\ 6}$$

(7)
$$8 \overline{)2\ 8}$$

(8)

$$3 \overline{)1\ 3}$$

(12)

$$5 \overline{)1\ 7}$$

(9)

$$4 \overline{)1\ 8}$$

(13)

$$7 \overline{)2\ 2}$$

(10)

$$6 \overline{)2\ 6}$$

(14)

$$9 \overline{)2\ 0}$$

(11)

$$9 \overline{)3\ 0}$$

(15)

$$8 \overline{)3\ 3}$$

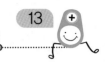

ME01 (두 자리 수) ÷ (한 자리 수) (1)

● 나눗셈을 하시오.

(1)

$$4\overline{)2\ 2}$$

(5)

$$2\overline{)1\ 3}$$

(2)

$$5\overline{)3\ 3}$$

(6)

$$6\overline{)2\ 1}$$

(3)

$$8\overline{)1\ 2}$$

(7)

$$7\overline{)2\ 3}$$

(4)

$$8\overline{)2\ 9}$$

(8)

$$9\overline{)3\ 2}$$

(9)

$$3 \overline{)2\ 0}$$

(10)

$$7 \overline{)3\ 2}$$

(11)

$$6 \overline{)2\ 2}$$

(12)

$$9 \overline{)2\ 5}$$

(13)

$$4 \overline{)3\ 3}$$

(14)

$$5 \overline{)4\ 3}$$

(15)

$$8 \overline{)3\ 5}$$

(16)

$$9 \overline{)4\ 7}$$

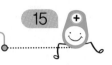

ME01 (두 자리 수)÷(한 자리 수) (1)

● 나눗셈을 하시오.

(1)

$2 \overline{)\ 1\ 5}$

(5)

$5 \overline{)\ 3\ 4}$

(2)

$7 \overline{)\ 3\ 8}$

(6)

$4 \overline{)\ 3\ 4}$

(3)

$6 \overline{)\ 5\ 3}$

(7)

$8 \overline{)\ 3\ 6}$

(4)

$9 \overline{)\ 5\ 5}$

(8)

$8 \overline{)\ 5\ 3}$

(9)

$$3\overline{)2\ 6}$$

(10)

$$6\overline{)4\ 4}$$

(11)

$$5\overline{)4\ 8}$$

(12)

$$9\overline{)3\ 7}$$

(13)

$$4\overline{)3\ 5}$$

(14)

$$7\overline{)5\ 1}$$

(15)

$$8\overline{)5\ 7}$$

(16)

$$8\overline{)5\ 5}$$

ME01 (두 자리 수) ÷ (한 자리 수) (1)

● 나눗셈을 하시오.

(1)

$4\overline{)15}$

(2)

$4\overline{)27}$

(3)

$8\overline{)30}$

(4)

$7\overline{)29}$

(5)

$6\overline{)35}$

(6)

$5\overline{)23}$

(7)

$9\overline{)33}$

(8)

$8\overline{)25}$

(9)

$6 \overline{)\ 3\ 4}$

(10)

$5 \overline{)\ 3\ 1}$

(11)

$6 \overline{)\ 2\ 3}$

(12)

$7 \overline{)\ 3\ 9}$

(13)

$7 \overline{)\ 5\ 8}$

(14)

$6 \overline{)\ 4\ 5}$

(15)

$9 \overline{)\ 4\ 6}$

(16)

$8 \overline{)\ 5\ 2}$

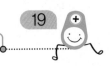

ME01 (두 자리 수) ÷ (한 자리 수) (1)

● 나눗셈을 하시오.

(1)

$5\overline{)4\ 1}$

(2)

$6\overline{)5\ 5}$

(3)

$9\overline{)4\ 3}$

(4)

$8\overline{)6\ 3}$

(5)

$6\overline{)4\ 6}$

(6)

$8\overline{)4\ 6}$

(7)

$7\overline{)4\ 0}$

(8)

$9\overline{)5\ 6}$

(9)

$$7 \overline{\smash{)}45}$$

(13)

$$5 \overline{\smash{)}47}$$

(10)

$$7 \overline{\smash{)}46}$$

(14)

$$8 \overline{\smash{)}59}$$

(11)

$$7 \overline{\smash{)}47}$$

(15)

$$7 \overline{\smash{)}64}$$

(12)

$$8 \overline{\smash{)}58}$$

(16)

$$9 \overline{\smash{)}62}$$

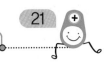

ME01 (두 자리 수) ÷ (한 자리 수) (1)

● 나눗셈을 하시오.

(1)

$6 \overline{)\, 5\ 0}$

(5)

$7 \overline{)\, 5\ 2}$

(2)

$8 \overline{)\, 7\ 1}$

(6)

$6 \overline{)\, 5\ 6}$

(3)

$7 \overline{)\, 5\ 7}$

(7)

$9 \overline{)\, 5\ 2}$

(4)

$6 \overline{)\, 5\ 9}$

(8)

$9 \overline{)\, 6\ 0}$

(9)

$$7 \overline{) 5\ 4}$$

(13)

$$6 \overline{) 5\ 8}$$

(10)

$$7 \overline{) 6\ 4}$$

(14)

$$9 \overline{) 5\ 8}$$

(11)

$$8 \overline{) 7\ 5}$$

(15)

$$9 \overline{) 7\ 1}$$

(12)

$$9 \overline{) 5\ 1}$$

(16)

$$8 \overline{) 7\ 7}$$

ME01 (두 자리 수)÷(한 자리 수) (1)

● 나눗셈을 하시오.

(1)

$7\overline{)6\ 1}$

(5)

$8\overline{)7\ 9}$

(2)

$9\overline{)6\ 7}$

(6)

$7\overline{)6\ 9}$

(3)

$7\overline{)6\ 7}$

(7)

$9\overline{)7\ 3}$

(4)

$9\overline{)8\ 0}$

(8)

$8\overline{)7\ 4}$

(9)

$8\overline{)69}$

(13)

$7\overline{)65}$

(10)

$7\overline{)66}$

(14)

$9\overline{)61}$

(11)

$9\overline{)76}$

(15)

$7\overline{)59}$

(12)

$9\overline{)88}$

(16)

$9\overline{)60}$

ME01 (두 자리 수)÷(한 자리 수) (1)

● 나눗셈을 하시오.

(1)

$5\overline{)4\ 4}$

(2)

$7\overline{)4\ 4}$

(3)

$6\overline{)4\ 7}$

(4)

$8\overline{)4\ 9}$

(5)

$7\overline{)4\ 3}$

(6)

$9\overline{)4\ 8}$

(7)

$8\overline{)6\ 6}$

(8)

$9\overline{)7\ 8}$

(9)

$$6\overline{)52}$$

★(13)

$$5\overline{)45}$$

(10)

$$7\overline{)53}$$

(14)

$$8\overline{)62}$$

(11)

$$8\overline{)50}$$

(15)

$$7\overline{)62}$$

(12)

$$9\overline{)66}$$

(16)

$$9\overline{)84}$$

ME01 (두 자리 수)÷(한 자리 수) (1)

● 나눗셈을 하시오.

(1)

3)2 7

(5)

4)2 1

(2)

3)2 8

(6)

6)3 0

(3)

5)1 8

(7)

8)2 4

(4)

8)4 5

(8)

7)3 4

(9)

$5 \overline{)2\ 8}$

(13)

$6 \overline{)3\ 2}$

(10)

$6 \overline{)4\ 1}$

(14)

$7 \overline{)2\ 8}$

(11)

$8 \overline{)3\ 9}$

(15)

$4 \overline{)3\ 0}$

(12)

$6 \overline{)4\ 9}$

(16)

$8 \overline{)3\ 8}$

ME01 (두 자리 수)÷(한 자리 수) (1)

● 나눗셈을 하시오.

(1)

$4\overline{)17}$

(2)

$4\overline{)39}$

(3)

$8\overline{)40}$

(4)

$9\overline{)45}$

(5)

$5\overline{)38}$

(6)

$5\overline{)49}$

(7)

$7\overline{)26}$

(8)

$8\overline{)47}$

(9)

$4\overline{)26}$

(13)

$4\overline{)16}$

(10)

$6\overline{)24}$

(14)

$8\overline{)44}$

(11)

$5\overline{)24}$

(15)

$7\overline{)35}$

(12)

$8\overline{)22}$

(16)

$9\overline{)34}$

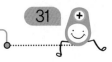

ME01 (두 자리 수) ÷ (한 자리 수) (1)

● 나눗셈을 하시오.

(1)

$6\overline{)54}$

(5)

$7\overline{)50}$

(2)

$7\overline{)48}$

(6)

$7\overline{)56}$

(3)

$9\overline{)59}$

(7)

$7\overline{)63}$

(4)

$9\overline{)53}$

(8)

$9\overline{)82}$

(9)

$9 \overline{)\ 6\ 3}$

(13)

$6 \overline{)\ 5\ 7}$

(10)

$8 \overline{)\ 5\ 4}$

(14)

$8 \overline{)\ 6\ 4}$

(11)

$7 \overline{)\ 6\ 0}$

(15)

$5 \overline{)\ 3\ 0}$

(12)

$8 \overline{)\ 5\ 1}$

(16)

$9 \overline{)\ 6\ 9}$

ME01 (두 자리 수)÷(한 자리 수) (1)

● 나눗셈을 하시오.

(1)

$5 \overline{) 4\ 5}$

(5)

$8 \overline{) 5\ 7}$

(2)

$8 \overline{) 6\ 5}$

(6)

$8 \overline{) 4\ 3}$

(3)

$7 \overline{) 5\ 5}$

(7)

$9 \overline{) 7\ 4}$

(4)

$9 \overline{) 8\ 5}$

(8)

$8 \overline{) 7\ 8}$

(9)

$$9 \overline{)50}$$

(13)

$$8 \overline{)72}$$

(10)

$$6 \overline{)58}$$

(14)

$$8 \overline{)43}$$

(11)

$$9 \overline{)81}$$

(15)

$$8 \overline{)68}$$

(12)

$$8 \overline{)70}$$

(16)

$$9 \overline{)75}$$

ME01 (두 자리 수) ÷ (한 자리 수) (1)

● 나눗셈을 하시오.

(1)

$7)\overline{4\ 1}$

(5)

$5)\overline{3\ 5}$

(2)

$8)\overline{3\ 1}$

(6)

$7)\overline{6\ 8}$

(3)

$3)\overline{1\ 8}$

(7)

$8)\overline{6\ 7}$

(4)

$8)\overline{7\ 6}$

(8)

$9)\overline{8\ 7}$

(9)

$9\overline{)41}$

(13)

$8\overline{)61}$

(10)

$9\overline{)72}$

(14)

$5\overline{)32}$

(11)

$4\overline{)23}$

(15)

$8\overline{)60}$

(12)

$6\overline{)37}$

(16)

$9\overline{)77}$

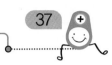

ME01 (두 자리 수) ÷ (한 자리 수) (1)

● |보기|와 같이 검산을 하시오.

| 보기 |

$$4\overline{)\,1\ 3}\ \cdots\ 1$$ 몫 3

검산 $4 \times \boxed{3} + \boxed{1} = \boxed{13}$

나누는 수   몫   나머지   나눌 수

(1)
$$3\overline{)\,2\ 5}\ \cdots\ 1$$ 몫 8

검산 $3 \times \boxed{} + \boxed{} = \boxed{}$

(2)
$$6\overline{)\,2\ 7}\ \cdots\ 3$$ 몫 4

검산 $6 \times \boxed{} + \boxed{} = \boxed{}$

(3)
$$8\overline{)\,3\ 4}\ \cdots\ 2$$ 몫 4

검산 $8 \times \boxed{} + \boxed{} = \boxed{}$

Talk

검산은 몫을 바르게 구했는지 알아보기 위한 계산입니다.

• 나머지가 없는 나눗셈의 검산 : $4\overline{)\,1\ 2}$ 몫 3   검산 $4 \times 3 = 12$

• 나머지가 있는 나눗셈의 검산 : $4\overline{)\,1\ 3}\ \cdots\ 1$ 몫 3   검산 $4 \times 3 + 1 = 13$

(4)

$$3\overline{)19} \quad 6 \cdots 1$$

검산 $3 \times \square + \square = \square$

(5)

$$4\overline{)38} \quad 9 \cdots 2$$

검산 $4 \times \square + \square = \square$

(6)

$$8\overline{)23} \quad 2 \cdots 7$$

검산 $8 \times \square + \square = \square$

(7)

$$7\overline{)27} \quad 3 \cdots 6$$

검산 $7 \times \square + \square = \square$

(8)

$$6\overline{)39} \quad 6 \cdots 3$$

검산 $6 \times \square + \square = \square$

ME01 (두 자리 수) ÷ (한 자리 수) (1)

● 나눗셈을 하고, 검산하시오.

(1)
$$3)\overline{1\ 1}$$
몫 3 … 2

검산 $3 \times \square + \square = \square$

(2)
$$9)\overline{2\ 4}$$
$\square$ … $\square$

검산 $9 \times \square + \square = \square$

(3)
$$6)\overline{2\ 7}$$
$\square$ … $\square$

검산 $6 \times \square + \square = \square$

(4)
$$7)\overline{3\ 3}$$
$\square$ … $\square$

검산 $7 \times \square + \square = \square$

(5)
$$9)\overline{2\ 2}$$
$\square$ … $\square$

검산 $9 \times \square + \square = \square$

(6)

$$3 \overline{)\ 2\ 9}$$ □ … □

검산 $3 \times$ □ $+$ □ $=$ □

(7)

$$5 \overline{)\ 1\ 9}$$ □ … □

검산 $5 \times$ □ $+$ □ $=$ □

(8)

$$9 \overline{)\ 4\ 0}$$ □ … □

검산 $9 \times$ □ $+$ □ $=$ □

(9)

$$9 \overline{)\ 6\ 4}$$ □ … □

검산 $9 \times$ □ $+$ □ $=$ □

(10)

$$5 \overline{)\ 3\ 7}$$ □ … □

검산 $5 \times$ □ $+$ □ $=$ □

(두 자리 수)÷(한 자리 수) (2)

요일	교재 번호	학습한 날짜	확인
1일차(월)	01~08	월 일	
2일차(화)	09~16	월 일	
3일차(수)	17~24	월 일	
4일차(목)	25~32	월 일	
5일차(금)	33~40	월 일	

● 나눗셈을 하시오.

(1)

$5 \overline{)1\ 3}$

(2)

$3 \overline{)1\ 6}$

(3)

$5 \overline{)2\ 6}$

(4)

$7 \overline{)3\ 6}$

(5)

$8 \overline{)2\ 7}$

(6)

$9 \overline{)3\ 8}$

(7)

$4 \overline{)3\ 0}$

(8)

$7 \overline{)5\ 1}$

(9)

$$6 \overline{)4\ 3}$$

(12)

$$8 \overline{)5\ 7}$$

(10)

$$8 \overline{)6\ 9}$$

(13)

$$7 \overline{)6\ 1}$$

(11)

$$9 \overline{)7\ 9}$$

(14)

$$9 \overline{)7\ 1}$$

● 나눗셈을 하고, 검산하시오.

(15)

$$4 \overline{)3\ 7}$$

검산 $4 \times \boxed{} + \boxed{} = \boxed{}$

(16)

$$8 \overline{)5\ 0}$$

검산 $8 \times \boxed{} + \boxed{} = \boxed{}$

ME02 (두 자리 수)÷(한 자리 수) (2)

● |보기|와 같이 나눗셈을 하시오.

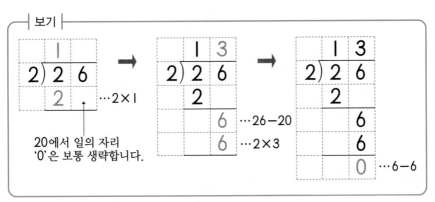

(1)

$2\overline{)2\;4}$

(3)

$3\overline{)3\;9}$

(2)

$3\overline{)3\;3}$

(4)

$2\overline{)2\;2}$

(5)

$$3 \overline{)\ 3\ 6}$$

(8)

(6)

$$2 \overline{)\ 4\ 4}$$

(9)

(7)

$$2 \overline{)\ 4\ 8}$$

(10)

● 나눗셈을 하시오.

(1)

$$2\overline{)42}$$

(4)

$$5\overline{)55}$$

★(2)

$$3\overline{)42}$$

(5)

$$2\overline{)32}$$

(3)

$$2\overline{)46}$$

(6)

$$3\overline{)63}$$

(7)

6) 6 6

(10)

3) 6 6

(8)

2) 3 4

(11)

2) 6 4

(9)

3) 5 7

(12)

3) 4 8

ME02 (두 자리 수) ÷ (한 자리 수) (2)

● 나눗셈을 하시오.

(1)

$$2\overline{)5\ 2}$$

(4)

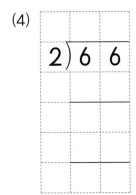

(2)

$$4\overline{)5\ 2}$$

(5)

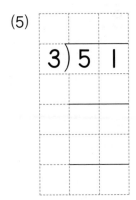

(3)

$$2\overline{)6\ 8}$$

(6)

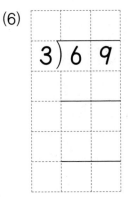

(7)

$2\overline{)5\ 6}$

(10)

$3\overline{)5\ 4}$

(8)

$2\overline{)5\ 8}$

(11)

$2\overline{)6\ 2}$

(9)

$3\overline{)6\ 3}$

(12)

$4\overline{)5\ 6}$

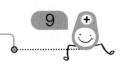

ME02 (두 자리 수)÷(한 자리 수) (2)

● 나눗셈을 하시오.

(1)
$$2\overline{)2\ 6}$$

(4)
$$2\overline{)5\ 4}$$

(2)
$$4\overline{)4\ 8}$$

(5)
$$3\overline{)3\ 9}$$

(3)
$$3\overline{)3\ 3}$$

(6)
$$2\overline{)3\ 2}$$

(7)

```
3)4 5
```

(10)

```
2)3 4
```

(8)

```
2)3 6
```

(11)

```
4)4 4
```

(9)

```
3)5 7
```

(12)

```
4)5 2
```

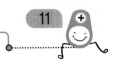

ME02 (두 자리 수) ÷ (한 자리 수) (2)

● 나눗셈을 하시오.

(1)

$3 \overline{)5\ 1}$

(4)

$5 \overline{)7\ 5}$

(2)

$6 \overline{)6\ 6}$

(5)

$4 \overline{)6\ 0}$

(3)

$6 \overline{)7\ 2}$

(6)

$5 \overline{)6\ 0}$

(7)

$$7 \overline{)7\ 7}$$

(10)

$$4 \overline{)6\ 4}$$

(8)

$$5 \overline{)6\ 5}$$

(11)

$$2 \overline{)6\ 8}$$

(9)

$$5 \overline{)7\ 0}$$

(12)

$$6 \overline{)7\ 8}$$

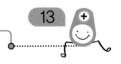

● 나눗셈을 하시오.

(1)

$$3\overline{)6\ 9}$$

(4)

$$3\overline{)7\ 2}$$

(2)

$$2\overline{)8\ 6}$$

(5)

$$4\overline{)8\ 4}$$

(3)

$$7\overline{)8\ 4}$$

(6)

$$2\overline{)8\ 4}$$

(7)

$$3 \overline{)\, 7 \quad 8}$$

(10)

$$5 \overline{)\, 8 \quad 0}$$

(8)

$$4 \overline{)\, 8 \quad 8}$$

(11)

$$6 \overline{)\, 8 \quad 4}$$

(9)

$$2 \overline{)\, 7 \quad 8}$$

(12)

$$8 \overline{)\, 8 \quad 8}$$

● 나눗셈을 하시오.

(1)
$$2 \overline{)88}$$

(4)
$$3 \overline{)99}$$

(2)
$$3 \overline{)96}$$

(5)
$$6 \overline{)90}$$

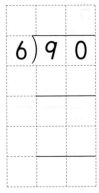

(3)
$$4 \overline{)92}$$

(6)
$$8 \overline{)96}$$

(7)

$$3\overline{)84}$$

(10)

$$7\overline{)91}$$

(8)

$$5\overline{)95}$$

(11)

$$3\overline{)93}$$

(9)

$$9\overline{)99}$$

(12)

$$6\overline{)96}$$

ME02 (두 자리 수) ÷ (한 자리 수) (2)

● 나눗셈을 하시오.

(1)

$2\overline{)3\ 2}$

(4)

$3\overline{)6\ 9}$

(2)

$2\overline{)4\ 8}$

(5)

$2\overline{)9\ 4}$

(3)

$4\overline{)5\ 6}$

(6)

$2\overline{)9\ 6}$

(7)

$3 \overline{)66}$

(10)

$5 \overline{)90}$

(8)

$4 \overline{)88}$

(11)

$4 \overline{)96}$

(9)

$3 \overline{)87}$

(12)

$7 \overline{)98}$

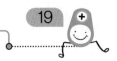

ME02 (두 자리 수)÷(한 자리 수) (2)

● |보기|와 같이 나눗셈을 하시오.

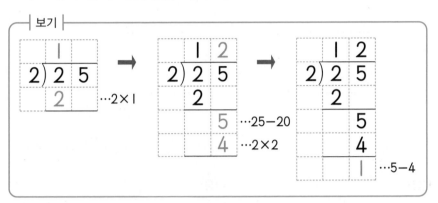

(1)

$$2 \overline{)\ 2\ 7}$$

(3)

$$3 \overline{)\ 3\ 4}$$

(2)

$$3 \overline{)\ 3\ 8}$$

(4)

$$2 \overline{)\ 2\ 9}$$

(5)

$$2\overline{)2\ 3}$$

(8)

$$3\overline{)3\ 5}$$

★(6)

$$3\overline{)3\ 2}$$

(9)

$$2\overline{)2\ 1}$$

(7)

$$3\overline{)3\ 1}$$

(10)

$$3\overline{)3\ 7}$$

ME02 (두 자리 수)÷(한 자리 수) (2)

● 나눗셈을 하시오.

(1)

$$2 \overline{)4\ 3}$$

(4)

$$4 \overline{)4\ 3}$$

★(2)

$$2 \overline{)3\ 3}$$

(5)

$$2 \overline{)4\ 1}$$

(3)

$$4 \overline{)4\ 6}$$

(6)

$$2 \overline{)3\ 5}$$

(7)

$$3 \overline{)\,4\ 3\,}$$

(10)

$$2 \overline{)\,4\ 7\,}$$

(8)

$$2 \overline{)\,4\ 5\,}$$

(11)

$$4 \overline{)\,4\ 9\,}$$

(9)

$$3 \overline{)\,4\ 7\,}$$

(12)

$$4 \overline{)\,4\ 5\,}$$

ME02 (두 자리 수)÷(한 자리 수) (2)

● 나눗셈을 하시오.

(1)

$$3 \overline{)4\ 6}$$

(4)

$$4 \overline{)4\ 7}$$

(2)

$$5 \overline{)5\ 2}$$

(5)

$$2 \overline{)5\ 3}$$

(3)

$$3 \overline{)5\ 6}$$

(6)

$$4 \overline{)4\ 1}$$

(7)

$4 \overline{)\, 5 \ 5}$

(10)

$3 \overline{)\, 4 \ 9}$

(8)

$5 \overline{)\, 5 \ 9}$

(11)

$4 \overline{)\, 4 \ 2}$

(9)

$5 \overline{)\, 5 \ 7}$

(12)

$4 \overline{)\, 5 \ 7}$

● 나눗셈을 하시오.

(1)
$$5\overline{)51}$$

(4)
$$3\overline{)53}$$

(2)

$$3\overline{)32}$$

(5)
$$4\overline{)53}$$

(3)
$$4\overline{)58}$$

(6)
$$5\overline{)54}$$

(7)

$$3 \overline{)5 \ 9}$$

(10)

$$2 \overline{)4 \ 9}$$

(8)

$$5 \overline{)5 \ 8}$$

(11)

$$3 \overline{)4 \ 1}$$

(9)

$$4 \overline{)5 \ 0}$$

(12)

$$5 \overline{)5 \ 6}$$

ME02 (두 자리 수) ÷ (한 자리 수) (2)

● 나눗셈을 하시오.

(1)

$4 \overline{)59}$

(4)

$2 \overline{)63}$

(2)

$3 \overline{)55}$

(5)

$5 \overline{)64}$

(3)

$4 \overline{)66}$

(6)

$6 \overline{)63}$

(7)

$2 \overline{) 5 \ 5}$

(10)

$5 \overline{) 6 \ 1}$

(8)

$4 \overline{) 6 \ 2}$

(11)

$3 \overline{) 6 \ 7}$

(9)

$5 \overline{) 7 \ 2}$

(12)

$6 \overline{) 6 \ 7}$

ME02 (두 자리 수) ÷ (한 자리 수) (2)

● 나눗셈을 하시오.

(1)

$3 \overline{) 6 \ 5}$

(4)

$4 \overline{) 8 \ 5}$

(2)

$5 \overline{) 6 \ 9}$

(5)

$7 \overline{) 7 \ 5}$

(3)

$6 \overline{) 7 \ 4}$

(6)

$2 \overline{) 8 \ 3}$

(7)

$3 \overline{)\ 7\ 7}$

(10)

$5 \overline{)\ 8\ 1}$

(8)

$4 \overline{)\ 7\ 7}$

(11)

$6 \overline{)\ 8\ 1}$

(9)

$3 \overline{)\ 8\ 0}$

(12)

$8 \overline{)\ 8\ 6}$

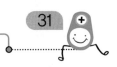

ME02 (두 자리 수)÷(한 자리 수) (2)

● 나눗셈을 하시오.

(1)
$$7\overline{)7\ 9}$$

(4)
$$5\overline{)7\ 8}$$

(2)
$$4\overline{)8\ 9}$$

(5)
$$6\overline{)8\ 3}$$

(3)
$$8\overline{)8\ 4}$$

(6)
$$9\overline{)9\ 4}$$

(7)

$3 \overline{)\ 7\ 6}$

(10)

$5 \overline{)\ 8\ 6}$

(8)

$4 \overline{)\ 9\ 1}$

(11)

$6 \overline{)\ 9\ 1}$

(9)

$9 \overline{)\ 9\ 7}$

(12)

$5 \overline{)\ 9\ 8}$

ME02 (두 자리 수) ÷ (한 자리 수) (2)

● 나눗셈을 하시오.

(1)

$$3 \overline{)\,5\ \ 0}$$

(4)

$$4 \overline{)\,7\ \ 1}$$

(2)

$$7 \overline{)\,8\ \ 8}$$

(5)

$$6 \overline{)\,6\ \ 9}$$

(3)

$$5 \overline{)\,6\ \ 8}$$

(6)

$$7 \overline{)\,8\ \ 5}$$

(7)

$$3 \overline{\smash{)}7\ 6}$$

(10)

$$5 \overline{\smash{)}7\ 4}$$

(8)

$$8 \overline{\smash{)}8\ 2}$$

(11)

$$7 \overline{\smash{)}7\ 8}$$

(9)

$$6 \overline{\smash{)}8\ 5}$$

(12)

$$8 \overline{\smash{)}9\ 8}$$

ME02 (두 자리 수) ÷ (한 자리 수) (2)

● 나눗셈을 하시오.

(1)

$2 \overline{)\, 5 \;\; 5}$

(4)

$3 \overline{)\, 4 \;\; 4}$

(2)

$3 \overline{)\, 4 \;\; 9}$

(5)

$5 \overline{)\, 5 \;\; 1}$

(3)

$3 \overline{)\, 3 \;\; 5}$

(6)

$4 \overline{)\, 5 \;\; 9}$

(7)

$$2 \overline{)\ 5\ \ 1}$$

(10)

$$4 \overline{)\ 5\ \ 4}$$

(8)

$$4 \overline{)\ 4\ \ 6}$$

(11)

$$3 \overline{)\ 4\ \ 0}$$

(9)

$$3 \overline{)\ 5\ \ 5}$$

(12)

$$5 \overline{)\ 5\ \ 3}$$

ME02 (두 자리 수)÷(한 자리 수) (2)

● 나눗셈을 하시오.

(1)

$$2\overline{)5\ 7}$$

(4)

$$6\overline{)7\ 6}$$

(2)

$$3\overline{)5\ 8}$$

(5)

$$8\overline{)9\ 0}$$

(3)

$$9\overline{)9\ 1}$$

(6)

$$7\overline{)7\ 4}$$

(7)

$$4 \overline{)70}$$

(10)

$$6 \overline{)87}$$

(8)

$$8 \overline{)97}$$

(11)

$$5 \overline{)69}$$

(9)

$$7 \overline{)94}$$

(12)

$$9 \overline{)93}$$

ME02 (두 자리 수)÷(한 자리 수) (2)

● 나눗셈을 하시오.

(1)
$$2\overline{)3\ 9}$$

(4)
$$2\overline{)5\ 9}$$

(2)
$$3\overline{)5\ 2}$$

(5)
$$5\overline{)7\ 1}$$

(3)
$$6\overline{)6\ 8}$$

(6)
$$7\overline{)8\ 9}$$

(7)

$$3 \overline{)4\ 0}$$

(10)

$$4 \overline{)5\ 1}$$

(8)

$$7 \overline{)8\ 7}$$

(11)

$$5 \overline{)6\ 7}$$

(9)

$$3 \overline{)7\ 3}$$

(12)

$$6 \overline{)8\ 1}$$

ME 단계 6 권

(두 자리 수)÷(한 자리 수) (3)

3주차

요일	교재 번호	학습한 날짜	확인
1일차(월)	01~08	월 일	
2일차(화)	09~16	월 일	
3일차(수)	17~24	월 일	
4일차(목)	25~32	월 일	
5일차(금)	33~40	월 일	

● 나눗셈을 하시오.

(1)

3)4 5

(4)

6)8 5

(2)

4)7 6

(5)

5)5 3

(3)

2)6 4

(6)

7)9 7

(7)

$$2 \overline{)5\ 8}$$

(10)

$$5 \overline{)7\ 7}$$

(8)

$$3 \overline{)9\ 3}$$

(11)

$$6 \overline{)7\ 1}$$

(9)

$$4 \overline{)8\ 4}$$

(12)

$$7 \overline{)8\ 3}$$

ME03 (두 자리 수)÷(한 자리 수) (3)

● |보기|와 같이 나눗셈을 하시오.

|보기|

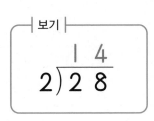

$$2\overline{)28} = 14$$

(1)

$$2\overline{)26}$$

(2)

$$3\overline{)36}$$

(3)

$$2\overline{)46}$$

(4)

$$2\overline{)20}$$

(5)

$$3\overline{)33}$$

(6)

$$2\overline{)22}$$

(7)

$$2\overline{)42}$$

(8)

$$2\overline{)24}$$

(12)

$$3\overline{)30}$$

(9)

$$2\overline{)40}$$

(13)

$$4\overline{)40}$$

(10)

$$3\overline{)39}$$

(14)

$$4\overline{)44}$$

(11)

$$2\overline{)48}$$

(15)

$$4\overline{)48}$$

● 나눗셈을 하시오.

(1)

$$2 \overline{)4\ 4}$$

(5)

$$3 \overline{)4\ 2}$$

(2)

$$3 \overline{)6\ 3}$$

(6)

$$6 \overline{)6\ 0}$$

★(3)

$$3 \overline{)4\ 8}$$

(7)

$$2 \overline{)3\ 4}$$

(4)

$$5 \overline{)5\ 5}$$

(8)

$$6 \overline{)6\ 6}$$

(9)

$$3 \overline{)6\ 0}$$

(13)

$$3 \overline{)6\ 9}$$

(10)

$$2 \overline{)3\ 0}$$

(14)

$$3 \overline{)6\ 6}$$

(11)

$$2 \overline{)6\ 2}$$

(15)

$$2 \overline{)5\ 0}$$

(12)

$$2 \overline{)3\ 6}$$

(16)

$$5 \overline{)5\ 0}$$

● 나눗셈을 하시오.

(1)

$2\overline{)3\ 8}$

(2)

$6\overline{)6\ 0}$

(3)

$4\overline{)6\ 0}$

(4)

$2\overline{)6\ 0}$

(5)

$2\overline{)3\ 2}$

(6)

$2\overline{)5\ 6}$

(7)

$7\overline{)7\ 0}$

(8)

$6\overline{)7\ 2}$

(9)

$8\overline{)80}$

(13)

$7\overline{)77}$

(10)

$4\overline{)80}$

(14)

$3\overline{)54}$

(11)

$2\overline{)80}$

(15)

$3\overline{)57}$

(12)

$4\overline{)52}$

(16)

$4\overline{)56}$

ME03 (두 자리 수) ÷ (한 자리 수) (3)

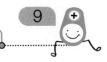

● 나눗셈을 하시오.

(1)

$$2 \overline{)\, 2\ 2\,}$$

(5)

$$3 \overline{)\, 4\ 2\,}$$

(2)

$$3 \overline{)\, 3\ 6\,}$$

(6)

$$2 \overline{)\, 5\ 2\,}$$

(3)

$$2 \overline{)\, 5\ 4\,}$$

(7)

$$4 \overline{)\, 4\ 0\,}$$

(4)

$$3 \overline{)\, 3\ 9\,}$$

(8)

$$2 \overline{)\, 4\ 0\,}$$

(9)

$3 \overline{\smash{)}33}$

(13)

$2 \overline{\smash{)}66}$

(10)

$3 \overline{\smash{)}51}$

(14)

$7 \overline{\smash{)}70}$

(11)

$2 \overline{\smash{)}68}$

(15)

$6 \overline{\smash{)}78}$

(12)

$4 \overline{\smash{)}72}$

(16)

$4 \overline{\smash{)}68}$

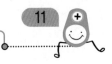

ME03 (두 자리 수)÷(한 자리 수) (3)

● 나눗셈을 하시오.

(1)

$8\overline{)8\ 8}$

(5)

$2\overline{)7\ 4}$

(2)

$4\overline{)8\ 8}$

(6)

$2\overline{)8\ 2}$

(3)

$2\overline{)8\ 8}$

(7)

$5\overline{)7\ 5}$

(4)

$5\overline{)6\ 0}$

(8)

$3\overline{)7\ 5}$

(9)

$$2\overline{)84}$$

(13)

$$2\overline{)60}$$

(10)

$$2\overline{)76}$$

(14)

$$2\overline{)86}$$

(11)

$$6\overline{)90}$$

(15)

$$3\overline{)96}$$

(12)

$$5\overline{)65}$$

(16)

$$3\overline{)78}$$

ME03 (두 자리 수)÷(한 자리 수) (3)

● 나눗셈을 하시오.

(1)

$$4 \overline{)64}$$

(2)

$$3 \overline{)90}$$

(3)

$$3 \overline{)99}$$

(4)

$$7 \overline{)91}$$

(5)

$$3 \overline{)81}$$

(6)

$$5 \overline{)70}$$

(7)

$$4 \overline{)92}$$

(8)

$$8 \overline{)96}$$

(9)

$$9\overline{)90}$$

(10)

$$2\overline{)68}$$

(11)

$$6\overline{)84}$$

(12)

$$3\overline{)72}$$

(13)

$$2\overline{)96}$$

(14)

$$7\overline{)91}$$

(15)

$$5\overline{)90}$$

(16)

$$7\overline{)84}$$

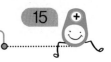

ME03 (두 자리 수) ÷ (한 자리 수) (3)

● 나눗셈을 하시오.

(1)

$3\overline{)66}$

(5)

$6\overline{)96}$

(2)

$5\overline{)85}$

(6)

$2\overline{)64}$

(3)

$2\overline{)98}$

(7)

$4\overline{)96}$

(4)

$3\overline{)87}$

(8)

$2\overline{)92}$

(9)

$$3\overline{)84}$$

(13)

$$2\overline{)94}$$

(10)

$$9\overline{)99}$$

(14)

$$5\overline{)95}$$

(11)

$$7\overline{)98}$$

(15)

$$2\overline{)90}$$

(12)

$$5\overline{)80}$$

(16)

$$2\overline{)70}$$

ME03 (두 자리 수)÷(한 자리 수) (3)

● 나눗셈을 하시오.

(1)

$$2\overline{)6\ 2}$$

(2)

$$4\overline{)8\ 4}$$

(3)

$$6\overline{)6\ 0}$$

(4)

$$2\overline{)7\ 2}$$

(5)

$$7\overline{)7\ 7}$$

(6)

$$4\overline{)6\ 8}$$

(7)

$$4\overline{)6\ 0}$$

(8)

$$2\overline{)5\ 0}$$

(9)

$$3 \overline{)\ 9\ 3}$$

(13)

$$4 \overline{)\ 7\ 6}$$

(10)

$$6 \overline{)\ 9\ 0}$$

(14)

$$3 \overline{)\ 6\ 6}$$

(11)

$$4 \overline{)\ 5\ 6}$$

(15)

$$5 \overline{)\ 7\ 5}$$

(12)

$$2 \overline{)\ 7\ 8}$$

(16)

$$8 \overline{)\ 9\ 6}$$

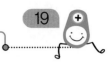

● |보기|와 같이 나눗셈을 하시오.

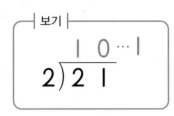

| 보기 |

$$2 \overline{)\, 2\; 1} \quad 1\,0\cdots 1$$

(4)

$$4 \overline{)\, 4\; 1}$$

(1)

$$2 \overline{)\, 2\; 3}$$

(5)

$$4 \overline{)\, 4\; 3}$$

(2)

$$3 \overline{)\, 3\; 1}$$

(6)

$$2 \overline{)\, 4\; 3}$$

(3)

$$3 \overline{)\, 3\; 2}$$

(7)

$$3 \overline{)\, 3\; 7}$$

(8)

$$2 \overline{)\ 2\ 5}$$

(9)

$$2 \overline{)\ 4\ 1}$$

(10)

$$3 \overline{)\ 3\ 8}$$

(11)

$$2 \overline{)\ 2\ 7}$$

(12)

$$3 \overline{)\ 3\ 5}$$

(13)

$$4 \overline{)\ 4\ 2}$$

(14)

$$2 \overline{)\ 4\ 5}$$

(15)

$$4 \overline{)\ 4\ 6}$$

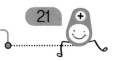

ME03 (두 자리 수) ÷ (한 자리 수) (3)

● 나눗셈을 하시오.

(1)

$$2\overline{)2\ 9}$$

(2)

$$2\overline{)2\ 3}$$

(3)

$$4\overline{)4\ 5}$$

★(4)

$$2\overline{)3\ 3}$$

(5)

$$2\overline{)3\ 7}$$

(6)

$$2\overline{)4\ 7}$$

(7)

$$3\overline{)4\ 0}$$

(8)

$$4\overline{)5\ 0}$$

(9)

$$2 \overline{) 4\ 9}$$

(13)

$$5 \overline{) 5\ 2}$$

(10)

$$2 \overline{) 3\ 9}$$

(14)

$$4 \overline{) 4\ 9}$$

(11)

$$5 \overline{) 5\ 7}$$

(15)

$$3 \overline{) 5\ 0}$$

(12)

$$3 \overline{) 3\ 4}$$

(16)

$$3 \overline{) 4\ 7}$$

ME03 (두 자리 수)÷(한 자리 수) (3)

● 나눗셈을 하시오.

(1)

$4\overline{)4\ 7}$

(2)

$3\overline{)4\ 3}$

(3)

$3\overline{)5\ 6}$

(4)

$2\overline{)3\ 5}$

(5)

$5\overline{)5\ 6}$

(6)

$3\overline{)4\ 9}$

(7)

$3\overline{)4\ 1}$

(8)

$5\overline{)5\ 9}$

(9)

$$5 \overline{)\ 5\ 1}$$

(13)

$$5 \overline{)\ 5\ 8}$$

(10)

$$3 \overline{)\ 4\ 4}$$

(14)

$$4 \overline{)\ 5\ 3}$$

(11)

$$2 \overline{)\ 3\ 1}$$

(15)

$$3 \overline{)\ 4\ 6}$$

(12)

$$5 \overline{)\ 5\ 4}$$

(16)

$$5 \overline{)\ 5\ 3}$$

ME03 (두 자리 수) ÷ (한 자리 수) (3)

● 나눗셈을 하시오.

(1)

$2 \overline{)4\ 3}$

(5)

$3 \overline{)3\ 7}$

(2)

$3 \overline{)3\ 4}$

(6)

$4 \overline{)4\ 6}$

(3)

$4 \overline{)4\ 2}$

(7)

$4 \overline{)5\ 9}$

(4)

$5 \overline{)5\ 2}$

(8)

$3 \overline{)5\ 3}$

(9)

$3 \overline{)3\ 2}$

(13)

$4 \overline{)5\ 0}$

(10)

$4 \overline{)4\ 1}$

(14)

$2 \overline{)3\ 7}$

(11)

$2 \overline{)4\ 9}$

(15)

$4 \overline{)5\ 8}$

(12)

$5 \overline{)5\ 6}$

(16)

$2 \overline{)5\ 1}$

ME03 (두 자리 수) ÷ (한 자리 수) (3)

● 나눗셈을 하시오.

(1)

$$2 \overline{)41}$$

(5)

$$4 \overline{)49}$$

(2)

$$3 \overline{)35}$$

(6)

$$4 \overline{)51}$$

(3)

$$2 \overline{)59}$$

(7)

$$6 \overline{)61}$$

(4)

$$6 \overline{)68}$$

(8)

$$2 \overline{)53}$$

(9)

$$2 \overline{) 5\ 5}$$

(13)

$$3 \overline{) 4\ 3}$$

(10)

$$6 \overline{) 6\ 2}$$

(14)

$$3 \overline{) 3\ 7}$$

(11)

$$6 \overline{) 6\ 5}$$

(15)

$$6 \overline{) 6\ 9}$$

(12)

$$3 \overline{) 5\ 2}$$

(16)

$$5 \overline{) 5\ 8}$$

ME03 (두 자리 수)÷(한 자리 수) (3)

● 나눗셈을 하시오.

(1)

$2\overline{)4\ 7}$

(5)

$2\overline{)6\ 1}$

(2)

$3\overline{)3\ 8}$

(6)

$6\overline{)6\ 3}$

(3)

$6\overline{)6\ 7}$

(7)

$3\overline{)5\ 9}$

(4)

$4\overline{)5\ 7}$

(8)

$4\overline{)5\ 4}$

(9)

$3\overline{)44}$

(13)

$3\overline{)61}$

(10)

$3\overline{)32}$

(14)

$4\overline{)67}$

(11)

$2\overline{)67}$

(15)

$6\overline{)64}$

(12)

$2\overline{)57}$

(16)

$7\overline{)74}$

ME03 (두 자리 수) ÷ (한 자리 수) (3)

● 나눗셈을 하시오.

(1)

$$2\overline{)4\ 5}$$

(2)

$$5\overline{)6\ 1}$$

(3)

$$5\overline{)6\ 9}$$

(4)

$$6\overline{)7\ 0}$$

(5)

$$3\overline{)6\ 2}$$

(6)

$$3\overline{)5\ 8}$$

(7)

$$3\overline{)3\ 1}$$

(8)

$$5\overline{)5\ 1}$$

(9)

$$3 \overline{)\ 6\ 8}$$

(13)

$$7 \overline{)\ 7\ 2}$$

(10)

$$2 \overline{)\ 3\ 3}$$

(14)

$$5 \overline{)\ 6\ 7}$$

(11)

$$4 \overline{)\ 6\ 3}$$

(15)

$$4 \overline{)\ 6\ 1}$$

(12)

$$5 \overline{)\ 7\ 9}$$

(16)

$$3 \overline{)\ 6\ 4}$$

● 나눗셈을 하시오.

(1)

$$4\overline{)47}$$

(2)

$$5\overline{)62}$$

(3)

$$3\overline{)47}$$

(4)

$$7\overline{)75}$$

(5)

$$5\overline{)64}$$

(6)

$$4\overline{)65}$$

(7)

$$5\overline{)59}$$

(8)

$$6\overline{)71}$$

(9)

$$5 \overline{)\ 5\ 7}$$

(13)

$$4 \overline{)\ 6\ 9}$$

(10)

$$2 \overline{)\ 6\ 3}$$

(14)

$$7 \overline{)\ 7\ 9}$$

(11)

$$4 \overline{)\ 5\ 5}$$

(15)

$$4 \overline{)\ 5\ 3}$$

(12)

$$3 \overline{)\ 6\ 7}$$

(16)

$$5 \overline{)\ 7\ 3}$$

ME03 (두 자리 수)÷(한 자리 수) (3)

● 나눗셈을 하시오.

(1)

$5\overline{)54}$

(2)

$4\overline{)61}$

(3)

$3\overline{)55}$

(4)

$7\overline{)71}$

(5)

$6\overline{)69}$

(6)

$5\overline{)74}$

(7)

$6\overline{)77}$

(8)

$5\overline{)66}$

(9)

$$5 \overline{)\ 5\ 2}$$

(13)

$$3 \overline{)\ 5\ 6}$$

(10)

$$3 \overline{)\ 4\ 0}$$

(14)

$$5 \overline{)\ 7\ 1}$$

(11)

$$7 \overline{)\ 7\ 8}$$

(15)

$$4 \overline{)\ 7\ 0}$$

(12)

$$6 \overline{)\ 7\ 6}$$

(16)

$$5 \overline{)\ 6\ 3}$$

ME03 (두 자리 수) ÷ (한 자리 수) (3)

● 나눗셈을 하시오.

(1)

$4 \overline{)4\ 5}$

(2)

$4 \overline{)5\ 8}$

(3)

$5 \overline{)7\ 2}$

(4)

$3 \overline{)7\ 3}$

(5)

$7 \overline{)7\ 6}$

(6)

$5 \overline{)5\ 3}$

(7)

$4 \overline{)6\ 2}$

(8)

$3 \overline{)7\ 0}$

(9)

$$2 \overline{)6\ 5}$$

(13)

$$2 \overline{)6\ 9}$$

(10)

$$5 \overline{)6\ 8}$$

(14)

$$3 \overline{)7\ 6}$$

(11)

$$4 \overline{)7\ 5}$$

(15)

$$4 \overline{)7\ 7}$$

(12)

$$6 \overline{)7\ 5}$$

(16)

$$3 \overline{)7\ 9}$$

ME03 (두 자리 수)÷(한 자리 수) (3)

● 나눗셈을 하시오.

(1)

$$3{\overline{\smash{\big)}\,6\ 5}}$$

(5)

$$3{\overline{\smash{\big)}\,5\ 0}}$$

(2)

$$7{\overline{\smash{\big)}\,7\ 3}}$$

(6)

$$4{\overline{\smash{\big)}\,7\ 9}}$$

(3)

$$4{\overline{\smash{\big)}\,5\ 9}}$$

(7)

$$2{\overline{\smash{\big)}\,7\ 9}}$$

(4)

$$6{\overline{\smash{\big)}\,7\ 3}}$$

(8)

$$5{\overline{\smash{\big)}\,7\ 8}}$$

(9)

$$4\overline{)4\ 3}$$

(13)

$$5\overline{)5\ 6}$$

(10)

$$2\overline{)7\ 3}$$

(14)

$$4\overline{)6\ 6}$$

(11)

$$4\overline{)7\ 4}$$

(15)

$$5\overline{)7\ 6}$$

(12)

$$2\overline{)7\ 1}$$

(16)

$$3\overline{)7\ 7}$$

ME단계 6권

(두 자리 수) ÷ (한 자리 수) (4)

요일	교재 번호	학습한 날짜		확인
1일차(월)	01~08	월	일	
2일차(화)	09~16	월	일	
3일차(수)	17~24	월	일	
4일차(목)	25~32	월	일	
5일차(금)	33~40	월	일	

● 나눗셈을 하시오.

(1)

$2 \overline{)2\ 4}$

(5)

$2 \overline{)2\ 7}$

(2)

$3 \overline{)4\ 5}$

(6)

$4 \overline{)5\ 1}$

(3)

$4 \overline{)8\ 4}$

(7)

$6 \overline{)6\ 8}$

(4)

$5 \overline{)6\ 5}$

(8)

$4 \overline{)7\ 3}$

(9)

$$6 \overline{)6\ 2}$$

(13)

$$3 \overline{)5\ 9}$$

(10)

$$2 \overline{)6\ 3}$$

(14)

$$2 \overline{)7\ 7}$$

(11)

$$4 \overline{)4\ 6}$$

(15)

$$2 \overline{)3\ 9}$$

(12)

$$5 \overline{)5\ 3}$$

(16)

$$4 \overline{)7\ 1}$$

● 나눗셈을 하시오.

(1)

$5 \overline{)5\ 2}$

(2)

$6 \overline{)6\ 3}$

(3)

$5 \overline{)6\ 9}$

(4)

$4 \overline{)8\ 2}$

(5)

$3 \overline{)6\ 8}$

(6)

$2 \overline{)8\ 9}$

(7)

$7 \overline{)7\ 9}$

(8)

$3 \overline{)5\ 9}$

(9)

$$7 \overline{)7\ 3}$$

(13)

$$3 \overline{)6\ 1}$$

(10)

$$3 \overline{)6\ 4}$$

(14)

$$5 \overline{)6\ 0}$$

(11)

$$4 \overline{)8\ 3}$$

(15)

$$2 \overline{)6\ 9}$$

(12)

$$3 \overline{)7\ 1}$$

(16)

$$7 \overline{)8\ 0}$$

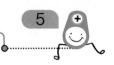

● 나눗셈을 하시오.

(1)

$4\overline{)5\ 1}$

(2)

$7\overline{)7\ 4}$

(3)

$2\overline{)8\ 7}$

(4)

$4\overline{)6\ 4}$

(5)

$2\overline{)6\ 1}$

(6)

$4\overline{)5\ 4}$

(7)

$3\overline{)5\ 5}$

(8)

$6\overline{)7\ 4}$

(9)

$$2\overline{)66}$$

(13)

$$4\overline{)85}$$

(10)

$$4\overline{)70}$$

(14)

$$4\overline{)78}$$

(11)

$$2\overline{)81}$$

(15)

$$7\overline{)88}$$

(12)

$$3\overline{)74}$$

(16)

$$4\overline{)89}$$

● 나눗셈을 하시오.

(1)

$3 \overline{)6\ 9}$

(5)

$2 \overline{)8\ 5}$

(2)

$7 \overline{)7\ 2}$

(6)

$4 \overline{)5\ 7}$

(3)

$7 \overline{)8\ 6}$

(7)

$5 \overline{)8\ 7}$

(4)

$3 \overline{)6\ 5}$

(8)

$4 \overline{)7\ 1}$

(9)

$7 \overline{) 7\ 5}$

(13)

$3 \overline{) 6\ 2}$

(10)

$3 \overline{) 8\ 4}$

(14)

$2 \overline{) 5\ 3}$

(11)

$3 \overline{) 6\ 7}$

(15)

$6 \overline{) 8\ 2}$

(12)

$8 \overline{) 8\ 3}$

(16)

$2 \overline{) 7\ 5}$

ME04 (두 자리 수) ÷ (한 자리 수) (4)

● 나눗셈을 하시오.

(1)

$2\overline{)5\ 2}$

(5)

$3\overline{)5\ 2}$

(2)

$7\overline{)7\ 2}$

(6)

$8\overline{)8\ 9}$

(3)

$8\overline{)8\ 1}$

(7)

$6\overline{)7\ 5}$

(4)

$3\overline{)7\ 0}$

(8)

$4\overline{)8\ 7}$

(9)

$$4 \overline{)8\ 1}$$

(13)

$$2 \overline{)8\ 3}$$

(10)

$$4 \overline{)7\ 4}$$

(14)

$$3 \overline{)5\ 7}$$

(11)

$$8 \overline{)8\ 4}$$

(15)

$$6 \overline{)8\ 8}$$

(12)

$$2 \overline{)6\ 7}$$

(16)

$$6 \overline{)7\ 9}$$

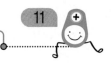

ME04 (두 자리 수)÷(한 자리 수) (4)

● 나눗셈을 하시오.

(1)

$6\overline{)64}$

(2)

$6\overline{)75}$

(3)

$2\overline{)82}$

(4)

$9\overline{)92}$

(5)

$8\overline{)85}$

(6)

$5\overline{)73}$

(7)

$5\overline{)86}$

(8)

$8\overline{)97}$

(9)

$$3 \overline{\smash{)}9\ 4}$$

(13)

$$6 \overline{\smash{)}6\ 6}$$

(10)

$$9 \overline{\smash{)}9\ 8}$$

(14)

$$7 \overline{\smash{)}8\ 7}$$

(11)

$$5 \overline{\smash{)}8\ 1}$$

(15)

$$4 \overline{\smash{)}7\ 7}$$

(12)

$$6 \overline{\smash{)}8\ 1}$$

(16)

$$7 \overline{\smash{)}9\ 0}$$

● 나눗셈을 하시오.

(1)

$8 \overline{)8\ 8}$

(2)

$9 \overline{)9\ 5}$

(3)

$3 \overline{)9\ 1}$

(4)

$5 \overline{)6\ 1}$

(5)

$9 \overline{)9\ 6}$

(6)

$3 \overline{)8\ 0}$

(7)

$6 \overline{)7\ 3}$

(8)

$5 \overline{)7\ 4}$

(9)

$9\overline{)93}$

(10)

$5\overline{)71}$

(11)

$3\overline{)95}$

(12)

$5\overline{)82}$

(13)

$9\overline{)97}$

(14)

$6\overline{)76}$

(15)

$8\overline{)99}$

(16)

$7\overline{)96}$

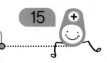

ME04 (두 자리 수) ÷ (한 자리 수) (4)

● 나눗셈을 하시오.

(1)

$8\overline{)8\ 7}$

(2)

$3\overline{)9\ 2}$

(3)

$2\overline{)7\ 3}$

(4)

$9\overline{)9\ 4}$

(5)

$4\overline{)6\ 6}$

(6)

$5\overline{)6\ 6}$

(7)

$5\overline{)8\ 3}$

(8)

$6\overline{)9\ 8}$

(9)

$$3 \overline{)69}$$

(13)

$$6 \overline{)61}$$

(10)

$$5 \overline{)72}$$

(14)

$$3 \overline{)98}$$

(11)

$$4 \overline{)63}$$

(15)

$$6 \overline{)77}$$

(12)

$$7 \overline{)82}$$

(16)

$$8 \overline{)90}$$

ME04 (두 자리 수) ÷ (한 자리 수) (4)

● 나눗셈을 하시오.

(1)

$7 \overline{)7\ 0}$

(2)

$4 \overline{)8\ 6}$

(3)

$7 \overline{)9\ 9}$

(4)

$5 \overline{)6\ 4}$

(5)

$3 \overline{)9\ 7}$

(6)

$2 \overline{)7\ 4}$

(7)

$3 \overline{)7\ 3}$

(8)

$4 \overline{)6\ 2}$

(9)

3$\overline{)8\ 2}$

(10)

8$\overline{)8\ 2}$

(11)

5$\overline{)6\ 8}$

(12)

9$\overline{)9\ 1}$

(13)

2$\overline{)8\ 0}$

(14)

4$\overline{)6\ 5}$

(15)

5$\overline{)7\ 7}$

(16)

8$\overline{)9\ 3}$

ME04 (두 자리 수) ÷ (한 자리 수) (4)

● 나눗셈을 하시오.

(1)

$2 \overline{)2\ 9}$

(5)

$7 \overline{)7\ 1}$

(2)

$2 \overline{)3\ 8}$

(6)

$3 \overline{)8\ 8}$

(3)

$4 \overline{)4\ 4}$

(7)

$4 \overline{)8\ 8}$

(4)

$5 \overline{)6\ 2}$

(8)

$5 \overline{)8\ 8}$

(9)

$9 \overline{)9\ 9}$

(13)

$5 \overline{)7\ 9}$

(10)

$2 \overline{)4\ 2}$

(14)

$7 \overline{)8\ 1}$

(11)

$2 \overline{)2\ 5}$

(15)

$4 \overline{)9\ 0}$

(12)

$6 \overline{)8\ 0}$

(16)

$8 \overline{)9\ 5}$

ME04 (두 자리 수) ÷ (한 자리 수) (4)

● 나눗셈을 하시오.

(1)

$2 \overline{)44}$

(2)

$7 \overline{)79}$

(3)

$2 \overline{)65}$

(4)

$6 \overline{)92}$

(5)

$2 \overline{)35}$

(6)

$4 \overline{)69}$

(7)

$3 \overline{)85}$

(8)

$5 \overline{)91}$

(9)

$$3 \overline{)\ 3\ 6}$$

(13)

$$3 \overline{)\ 5\ 3}$$

(10)

$$2 \overline{)\ 5\ 1}$$

(14)

$$5 \overline{)\ 8\ 3}$$

(11)

$$7 \overline{)\ 9\ 5}$$

(15)

$$2 \overline{)\ 7\ 1}$$

(12)

$$2 \overline{)\ 8\ 4}$$

(16)

$$4 \overline{)\ 9\ 4}$$

ME04 (두 자리 수) ÷ (한 자리 수) (4)

● 나눗셈을 하시오.

(1)

$2\overline{)2\ 8}$

(5)

$2\overline{)3\ 9}$

(2)

$4\overline{)5\ 7}$

(6)

$3\overline{)7\ 7}$

(3)

$6\overline{)6\ 1}$

(7)

$8\overline{)9\ 1}$

(4)

$7\overline{)8\ 5}$

(8)

$7\overline{)9\ 4}$

(9)

3)46

(13)

5)84

(10)

2)56

(14)

4)75

(11)

5)72

(15)

5)50

(12)

8)98

(16)

6)94

● 나눗셈을 하시오.

(1)

$$4 \overline{)4\ 8}$$

(5)

$$2 \overline{)8\ 6}$$

(2)

$$5 \overline{)7\ 6}$$

(6)

$$6 \overline{)8\ 7}$$

(3)

$$6 \overline{)6\ 5}$$

(7)

$$4 \overline{)6\ 7}$$

(4)

$$3 \overline{)8\ 9}$$

(8)

$$6 \overline{)9\ 3}$$

(9)

$$2 \overline{)4\ 6}$$

(13)

$$5 \overline{)5\ 5}$$

(10)

$$6 \overline{)6\ 9}$$

(14)

$$5 \overline{)7\ 8}$$

(11)

$$6 \overline{)9\ 9}$$

(15)

$$7 \overline{)8\ 7}$$

(12)

$$2 \overline{)9\ 1}$$

(16)

$$5 \overline{)9\ 3}$$

ME04 (두 자리 수)÷(한 자리 수) (4)

● 나눗셈을 하시오.

(1)

$$2 \overline{)\, 2\ 1}$$

(2)

$$5 \overline{)\, 8\ 2}$$

(3)

$$6 \overline{)\, 7\ 1}$$

(4)

$$6 \overline{)\, 8\ 1}$$

(5)

$$3 \overline{)\, 6\ 3}$$

(6)

$$2 \overline{)\, 5\ 9}$$

(7)

$$5 \overline{)\, 8\ 9}$$

(8)

$$7 \overline{)\, 9\ 3}$$

(9)

$$2 \overline{)3\ 2}$$

(13)

$$4 \overline{)6\ 4}$$

(10)

$$6 \overline{)8\ 7}$$

(14)

$$3 \overline{)7\ 6}$$

(11)

$$5 \overline{)7\ 0}$$

(15)

$$7 \overline{)8\ 2}$$

(12)

$$8 \overline{)9\ 4}$$

(16)

$$5 \overline{)9\ 9}$$

ME04 (두 자리 수) ÷ (한 자리 수) (4)

● 나눗셈을 하시오.

(1)

$3 \overline{)\, 5\ 4\ }$

(5)

$2 \overline{)\, 6\ 2\ }$

(2)

$4 \overline{)\, 4\ 5\ }$

(6)

$4 \overline{)\, 7\ 7\ }$

(3)

$3 \overline{)\, 3\ 1\ }$

(7)

$3 \overline{)\, 8\ 3\ }$

(4)

$6 \overline{)\, 8\ 4\ }$

(8)

$5 \overline{)\, 9\ 6\ }$

(9)

$$3 \overline{)37}$$

(10)

$$6 \overline{)89}$$

(11)

$$4 \overline{)56}$$

(12)

$$6 \overline{)85}$$

(13)

$$9 \overline{)90}$$

(14)

$$4 \overline{)79}$$

(15)

$$4 \overline{)61}$$

(16)

$$5 \overline{)97}$$

ME04 (두 자리 수) ÷ (한 자리 수) (4)

● 나눗셈을 하시오.

(1)

$4\,)\overline{4\;6}$

(5)

$5\,)\overline{5\;2}$

(2)

$3\,)\overline{3\;4}$

(6)

$3\,)\overline{4\;9}$

(3)

$2\,)\overline{7\;5}$

(7)

$7\,)\overline{9\;8}$

(4)

$8\,)\overline{8\;0}$

(8)

$6\,)\overline{9\;5}$

(9)

$$5 \overline{)5\ 6}$$

(13)

$$3 \overline{)3\ 7}$$

(10)

$$3 \overline{)4\ 3}$$

(14)

$$4 \overline{)7\ 2}$$

(11)

$$7 \overline{)8\ 3}$$

(15)

$$5 \overline{)6\ 7}$$

(12)

$$6 \overline{)9\ 6}$$

(16)

$$2 \overline{)9\ 5}$$

ME04 (두 자리 수) ÷ (한 자리 수) (4)

● 나눗셈을 하시오.

(1)

$5\overline{)57}$

(5)

$7\overline{)84}$

(2)

$6\overline{)66}$

(6)

$3\overline{)79}$

(3)

$3\overline{)66}$

(7)

$4\overline{)91}$

(4)

$2\overline{)31}$

(8)

$8\overline{)92}$

(9)

$$4\overline{)41}$$

(13)

$$5\overline{)59}$$

(10)

$$6\overline{)72}$$

(14)

$$4\overline{)63}$$

(11)

$$7\overline{)92}$$

(15)

$$3\overline{)86}$$

(12)

$$3\overline{)78}$$

(16)

$$6\overline{)90}$$

ME04 (두 자리 수)÷(한 자리 수)(4)

● 나눗셈을 하시오.

(1)

$2\overline{)3\ 0}$

(2)

$4\overline{)4\ 2}$

(3)

$5\overline{)6\ 3}$

(4)

$3\overline{)7\ 5}$

(5)

$2\overline{)2\ 3}$

(6)

$3\overline{)7\ 5}$

(7)

$6\overline{)9\ 1}$

(8)

$7\overline{)9\ 1}$

(9)

$$2 \overline{)45}$$

(13)

$$4 \overline{)58}$$

(10)

$$3 \overline{)40}$$

(14)

$$5 \overline{)75}$$

(11)

$$4 \overline{)60}$$

(15)

$$3 \overline{)87}$$

(12)

$$6 \overline{)70}$$

(16)

$$7 \overline{)97}$$

ME04 (두 자리 수) ÷ (한 자리 수) (4)

● 나눗셈을 하고, 검산하시오.

(1)

$2\overline{)4\ 7}$

검산 $2 \times \square + \square = \square$

(2)

$2\overline{)3\ 7}$

검산 $2 \times \square + \square = \square$

(3)

$4\overline{)5\ 5}$

검산 $4 \times \square + \square = \square$

(4)

$3\overline{)4\ 1}$

검산 $3 \times \square + \square = \square$

(5)

$5\overline{)5\ 8}$

검산 $5 \times \square + \square = \square$

(6)

$2\overline{)2\ 5}$
검산 $2\times\boxed{}+\boxed{}=\boxed{}$

(7)

$3\overline{)5\ 9}$
검산 $3\times\boxed{}+\boxed{}=\boxed{}$

(8)

$3\overline{)3\ 5}$
검산 $3\times\boxed{}+\boxed{}=\boxed{}$

(9)

$4\overline{)4\ 3}$
검산 $4\times\boxed{}+\boxed{}=\boxed{}$

(10)

$4\overline{)5\ 3}$
검산 $4\times\boxed{}+\boxed{}=\boxed{}$

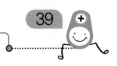

ME04 (두 자리 수) ÷ (한 자리 수) (4)

● 나눗셈을 하고, 검산하시오.

(1)

$2\overline{)5\ 3}$

검산 $2 \times \boxed{} + \boxed{} = \boxed{}$

(2)

$3\overline{)4\ 6}$

검산 $3 \times \boxed{} + \boxed{} = \boxed{}$

(3)

$4\overline{)5\ 7}$

검산 $4 \times \boxed{} + \boxed{} = \boxed{}$

(4)

$7\overline{)7\ 9}$

검산 $7 \times \boxed{} + \boxed{} = \boxed{}$

(5)

$6\overline{)6\ 9}$

검산 $6 \times \boxed{} + \boxed{} = \boxed{}$

(6)

$3 \overline{)6\ 8}$

검산 $3 \times \boxed{} + \boxed{} = \boxed{}$

(7)

$5 \overline{)7\ 6}$

검산 $5 \times \boxed{} + \boxed{} = \boxed{}$

(8)

$6 \overline{)6\ 8}$

검산 $6 \times \boxed{} + \boxed{} = \boxed{}$

(9)

$7 \overline{)8\ 1}$

검산 $7 \times \boxed{} + \boxed{} = \boxed{}$

(10)

$8 \overline{)9\ 5}$

검산 $8 \times \boxed{} + \boxed{} = \boxed{}$

ME 단계 ⑥ 권

학교 연산 대비하자

연산 UP

● 나눗셈을 하시오.

(1)

4) 2 8

(5)

2) 6 4

(2)

6) 5 4

(6)

4) 5 2

(3)

3) 4 2

(7)

7) 8 4

(4)

5) 7 0

(8)

8) 9 6

(9)

$$2\overline{)1\ 3}$$

(13)

$$6\overline{)2\ 5}$$

(10)

$$3\overline{)2\ 6}$$

(14)

$$7\overline{)5\ 1}$$

(11)

$$4\overline{)2\ 9}$$

(15)

$$8\overline{)6\ 3}$$

(12)

$$5\overline{)2\ 4}$$

(16)

$$9\overline{)3\ 9}$$

● 나눗셈을 하시오.

(1)

$3\overline{)4\ 4}$

(5)

$2\overline{)6\ 3}$

(2)

$2\overline{)3\ 1}$

(6)

$3\overline{)5\ 2}$

(3)

$4\overline{)6\ 2}$

(7)

$4\overline{)7\ 5}$

(4)

$6\overline{)9\ 4}$

(8)

$5\overline{)8\ 9}$

(9)

$2\overline{)5\ 9}$

(13)

$4\overline{)8\ 3}$

(10)

$5\overline{)7\ 3}$

(14)

$3\overline{)8\ 3}$

(11)

$4\overline{)5\ 4}$

(15)

$5\overline{)9\ 1}$

(12)

$3\overline{)7\ 1}$

(16)

$7\overline{)9\ 3}$

● 나눗셈을 하시오.

(1)

$$2 \overline{\smash{)}7\ 1}$$

(5)

$$3 \overline{\smash{)}5\ 2}$$

(2)

$$3 \overline{\smash{)}3\ 5}$$

(6)

$$4 \overline{\smash{)}8\ 6}$$

(3)

$$6 \overline{\smash{)}8\ 2}$$

(7)

$$5 \overline{\smash{)}7\ 7}$$

(4)

$$4 \overline{\smash{)}6\ 9}$$

(8)

$$8 \overline{\smash{)}8\ 9}$$

(9)

$$2\overline{)8\ 3}$$

(13)

$$4\overline{)9\ 0}$$

(10)

$$3\overline{)6\ 8}$$

(14)

$$5\overline{)6\ 9}$$

(11)

$$4\overline{)7\ 3}$$

(15)

$$3\overline{)9\ 4}$$

(12)

$$7\overline{)8\ 8}$$

(16)

$$8\overline{)9\ 2}$$

● 빈 곳에 알맞은 수를 써넣으시오.

(1)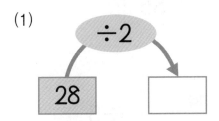

(2)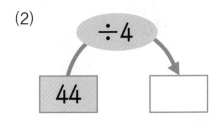

(3)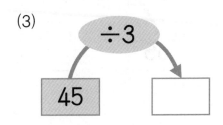

(4)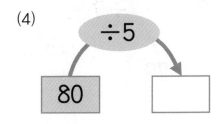

(5)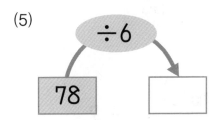

(6)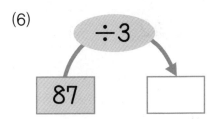

(7)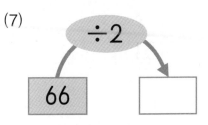

(8)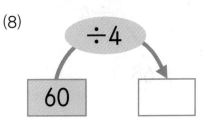

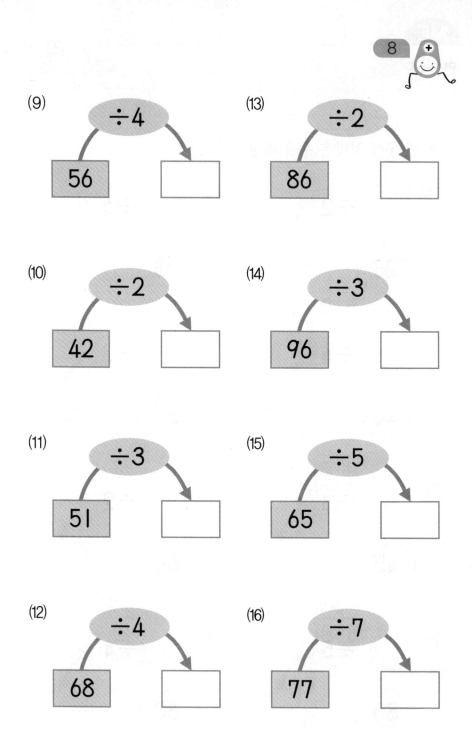

(9)　÷4　56　□

(10)　÷2　42　□

(11)　÷3　51　□

(12)　÷4　68　□

(13)　÷2　86　□

(14)　÷3　96　□

(15)　÷5　65　□

(16)　÷7　77　□

8

연산 UP

● □ 안에는 몫을, ○ 안에는 나머지를 써넣으시오.

(1)

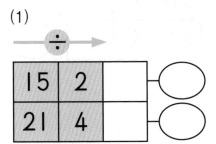

(4)

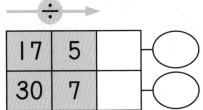

(2)

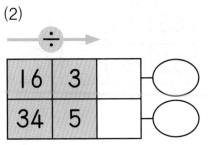

(5)

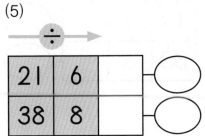

(3)

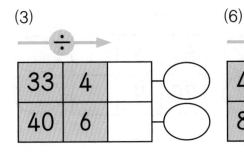

(6)

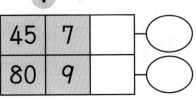

(7)

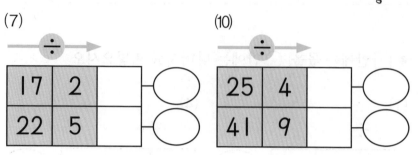

(8)

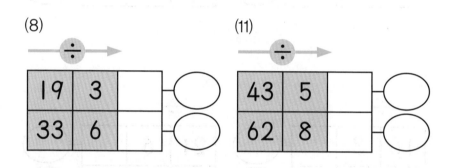

(9)

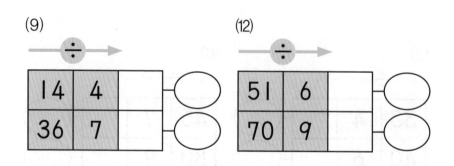

● □ 안에는 몫을, ○ 안에는 나머지를 써넣으시오.

(1)

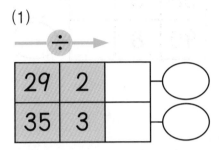

| 29 | 2 | | ◯ |
| 35 | 3 | | ◯ |

(4)

| 67 | 3 | | ◯ |
| 75 | 6 | | ◯ |

(2)

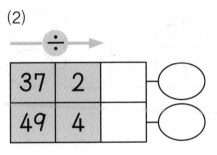

| 37 | 2 | | ◯ |
| 49 | 4 | | ◯ |

(5)

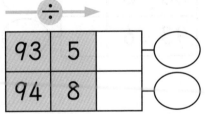

| 93 | 5 | | ◯ |
| 94 | 8 | | ◯ |

(3)

| 78 | 4 | | ◯ |
| 62 | 5 | | ◯ |

(6)

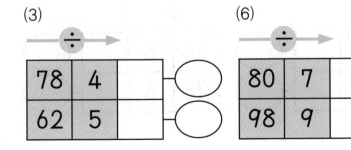

| 80 | 7 | | ◯ |
| 98 | 9 | | ◯ |

(7)

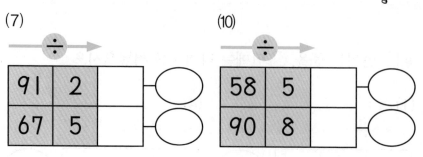

(10)

(8)

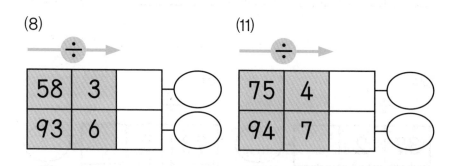

(11)

(9)

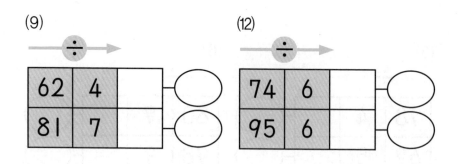

(12)

● 다음을 읽고 물음에 답하시오.

(1) 지훈이는 색종이를 60장 가지고 있습니다. 색종이를 2명의 친구들에게 똑같이 나누어 주려면 한 명에게 몇 장씩 나누어 주어야 합니까?

(   )

(2) 자연 관찰에 필요한 돋보기가 39개 있습니다. 3모둠에게 똑같이 나누어 주려면 한 모둠에 몇 개씩 나누어 주어야 합니까?

(   )

(3) 감 84개를 네 가구가 똑같이 나누어 먹으려고 합니다. 한 가구가 먹을 수 있는 감은 몇 개입니까?

(   )

(4) 감자 **70**개를 **5**상자에 똑같이 나누어 담으려고 합니다. 한 상자에 몇 개씩 담아야 합니까?

(   )

(5) 운동장에 모인 학생들이 한 줄에 **6**명씩 줄을 서려고 합니다. 학생들이 **78**명이면 몇 줄로 서야 합니까?

(   )

(6) 과자 **98**개를 **8**봉지에 똑같이 나누어 담으려고 합니다, 과자는 한 봉지에 몇 개씩 담을 수 있고, 몇 개가 남습니까?

(   ), (   )

● 다음을 읽고 물음에 답하시오.

(1) 도넛 **48**개를 한 명에게 **2**개씩 나누어 주려고 합니다. 몇 명에게 나누어 줄 수 있습니까?

(   )

(2) 사과 **96**개를 **3**상자에 똑같이 나누어 담으려고 합니다. 한 상자에 담을 수 있는 사과는 몇 개입니까?

(   )

(3) 네 변의 길이의 합이 **52** cm인 정사각형의 한 변은 몇 cm입니까?

(   )

(4) 도토리를 **84**개 주웠습니다. 이 도토리를 다람쥐 **7**마리
　에게 똑같이 나누어 주려면 한 마리에게 몇 개씩 나누어
　주면 됩니까?

　　　　　　　　　　　　(　　　　　　　)

(5) 채소 가게가 오이가 **33**개 있습니다. 이것을 **4**개씩 포장
　하고 남은 오이는 몇 개입니까?

　　　　　　　　　　　　(　　　　　　　)

(6) 딸기 **40**개를 한 접시에 **7**개씩 놓으려고 합니다. 딸기는
　모두 몇 접시가 되고, 몇 개가 남습니까?

　　　　　　　　(　　　　　　), (　　　　　　)

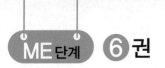

ME단계 6권

정 답

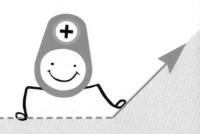

1		2	

(1)
```
      5
  2) 1 0
     1 0
        0
```

(5)
```
         4
  4) 1 8
     1 6
        2
```

(9)
```
         4
  3) 1 2
     1 2
        0
```

(13)
```
         7
  4) 3 0
     2 8
        2
```

(2)
```
      5
  4) 2 0
     2 0
        0
```

(6)
```
         7
  6) 4 5
     4 2
        3
```

(10)
```
         3
  5) 1 5
     1 5
        0
```

(14)
```
         6
  7) 4 3
     4 2
        1
```

(3)
```
      4
  6) 2 4
     2 4
        0
```

(7)
```
         3
  7) 2 2
     2 1
        1
```

(11)
```
         2
  9) 1 8
     1 8
        0
```

(15)
```
         4
  9) 3 9
     3 6
        3
```

(4)
```
      2
  7) 1 4
     1 4
        0
```

(8)
```
         2
  9) 2 0
     1 8
        2
```

(12)
```
         6
  4) 2 4
     2 4
        0
```

(16)
```
         6
  8) 5 2
     4 8
        4
```

3	4	5	6	7	8	9	10
(1) 7	(8) 8	(1) 7, 1	(8) 7, 1	(1) 9, 1	(9) 5, 2	(1) 9	(9) 4
(2) 5	(9) 3	(2) 5, 2	(9) 9, 2	(2) 9, 1	(10) 4, 5	(2) 8	(10) 7
(3) 3	(10) 6	(3) 4, 2	(10) 5, 1	(3) 8, 3	(11) 3, 4	(3) 7	(11) 7
(4) 8	(11) 6	(4) 3, 3	(11) 5, 2	(4) 3, 1	(12) 3, 8	(4) 7	(12) 4
(5) 6	(12) 9	(5) 2, 4	(12) 5, 3	(5) 6, 2	(13) 8, 2	(5) 5, 1	(13) 4, 2
(6) 6	(13) 8	(6) 2, 4	(13) 6, 4	(6) 4, 3	(14) 7, 1	(6) 7, 3	(14) 7, 2
(7) 2	(14) 3	(7) 4, 3	(14) 3, 1	(7) 4, 3	(15) 5, 1	(7) 3, 2	(15) 6, 4
	(15) 4		(15) 2, 4	(8) 4, 6	(16) 5, 4	(8) 5, 2	(16) 4, 8

11	12	13	14	15	16	17	18
(1) 3…1	(8) 4…1	(1) 5…2	(9) 6…2	(1) 7…1	(9) 8…2	(1) 3…3	(9) 5…4
(2) 2…2	(9) 4…2	(2) 6…3	(10) 4…4	(2) 5…3	(10) 7…2	(2) 6…3	(10) 6…1
(3) 2…8	(10) 4…2	(3) 1…4	(11) 3…4	(3) 8…5	(11) 9…3	(3) 3…6	(11) 3…5
(4) 6…1	(11) 3…3	(4) 3…5	(12) 2…7	(4) 6…1	(12) 4…1	(4) 4…1	(12) 5…4
(5) 4…1	(12) 3…2	(5) 6…1	(13) 8…1	(5) 6…4	(13) 8…3	(5) 5…5	(13) 8…2
(6) 2…2	(13) 3…1	(6) 3…3	(14) 8…3	(6) 8…2	(14) 7…2	(6) 4…3	(14) 7…3
(7) 3…4	(14) 2…2	(7) 3…2	(15) 4…3	(7) 4…4	(15) 7…1	(7) 3…6	(15) 5…1
	(15) 4…1	(8) 3…5	(16) 5…2	(8) 6…5	(16) 6…7	(8) 3…1	(16) 6…4

19	20	21	22	23	24	25	26
(1) 8…1	(9) 6…3	(1) 8…2	(9) 7…5	(1) 8…5	(9) 8…5	(1) 8…4	(9) 8…4
(2) 9…1	(10) 6…4	(2) 8…7	(10) 9…1	(2) 7…4	(10) 9…3	(2) 6…2	(10) 7…4
(3) 4…7	(11) 6…5	(3) 8…1	(11) 9…3	(3) 9…4	(11) 8…4	(3) 7…5	(11) 6…2
(4) 7…7	(12) 7…2	(4) 9…5	(12) 5…6	(4) 8…8	(12) 9…7	(4) 6…1	(12) 7…3
(5) 7…4	(13) 9…2	(5) 7…3	(13) 9…4	(5) 9…7	(13) 9…2	(5) 6…1	(13) 9
(6) 5…6	(14) 7…3	(6) 9…2	(14) 6…4	(6) 9…6	(14) 6…7	(6) 5…3	(14) 7…6
(7) 5…5	(15) 9…1	(7) 5…7	(15) 7…8	(7) 8…1	(15) 8…3	(7) 8…2	(15) 8…6
(8) 6…2	(16) 6…8	(8) 6…6	(16) 9…5	(8) 9…2	(16) 6…6	(8) 8…6	(16) 9…3

27	28	29	30	31	32	33	34
(1) 9	(9) 5···3	(1) 4···1	(9) 6···2	(1) 9	(9) 7	(1) 9	(9) 5···5
(2) 9···1	(10) 6···5	(2) 9···3	(10) 4	(2) 6···6	(10) 6···6	(2) 8···1	(10) 9···4
(3) 3···3	(11) 4···7	(3) 5	(11) 4···4	(3) 6···5	(11) 8···4	(3) 7···6	(11) 9
(4) 5···5	(12) 8···1	(4) 5	(12) 2···6	(4) 5···8	(12) 6···3	(4) 9···4	(12) 8···6
(5) 5···1	(13) 5···2	(5) 7···3	(13) 4	(5) 7···1	(13) 9···3	(5) 7···1	(13) 9
(6) 5	(14) 4	(6) 9···4	(14) 5···4	(6) 8	(14) 8	(6) 5···3	(14) 5···3
(7) 3	(15) 7···2	(7) 3···5	(15) 5	(7) 9	(15) 6	(7) 8···2	(15) 8···4
(8) 4···6	(16) 4···6	(8) 5···7	(16) 3···7	(8) 9···1	(16) 7···6	(8) 9···6	(16) 8···3

35	36	37	38	39	40
(1) 5···6	(9) 4···5	(1) 8, 1, 25	(4) 6, 1, 19	(1) 3, 2, 3, 2, 11	(6) 9, 2, 9, 2, 29
(2) 3···7	(10) 8	(2) 4, 3, 27	(5) 9, 2, 38	(2) 2, 6, 2, 6, 24	(7) 3, 4, 3, 4, 19
(3) 6	(11) 5···3	(3) 4, 2, 34	(6) 2, 7, 23	(3) 4, 3, 4, 3, 27	(8) 4, 4, 4, 4, 40
(4) 9···4	(12) 6···1		(7) 3, 6, 27	(4) 4, 5, 4, 5, 33	(9) 7, 1, 7, 1, 64
(5) 7	(13) 7···5		(8) 6, 3, 39	(5) 2, 4, 2, 4, 22	(10) 7, 2, 7, 2, 37
(6) 9···5	(14) 6···2				
(7) 8···3	(15) 7···4				
(8) 9···6	(16) 8···5				

1

(1) 2…3
(2) 5…1
(3) 5…1
(4) 5…1
(5) 3…3
(6) 4…2
(7) 7…2
(8) 7…2

2

(9) 7…1
(10) 8…5
(11) 8…7
(12) 7…1
(13) 8…5
(14) 7…8
(15) 9…1,
    9, 1, 37
(16) 6…2,
    6, 2, 50

3

(1)
```
    1 2
2 ) 2 4
    2
    ---
      4
      4
      0
```

(3)
```
    1 3
3 ) 3 9
    3
    ---
      9
      9
      0
```

(2)
```
    1 1
3 ) 3 3
    3
    ---
      3
      3
      0
```

(4)
```
    1 1
2 ) 2 2
    2
    ---
      2
      2
      0
```

4

(5)
```
    1 2
3 ) 3 6
    3
    ---
      6
      6
      0
```

(8)
```
    1 4
2 ) 2 8
    2
    ---
      8
      8
      0
```

(6)
```
    2 2
2 ) 4 4
    4
    ---
      4
      4
      0
```

(9)
```
    1 1
4 ) 4 4
    4
    ---
      4
      4
      0
```

(7)
```
    2 4
2 ) 4 8
    4
    ---
      8
      8
      0
```

(10)
```
    1 2
4 ) 4 8
    4
    ---
      8
      8
      0
```

5

(1)
```
    2 1
2 ) 4 2
    4
    ---
      2
      2
      0
```

(4)
```
    1 1
5 ) 5 5
    5
    ---
      5
      5
      0
```

(2)
```
    1 4
3 ) 4 2
    3
    ---
    1 2
    1 2
      0
```

(5)
```
    1 6
2 ) 3 2
    2
    ---
    1 2
    1 2
      0
```

(3)
```
    2 3
2 ) 4 6
    4
    ---
      6
      6
      0
```

(6)
```
    2 1
3 ) 6 3
    6
    ---
      3
      3
      0
```

6

(7)
```
    1 1
6 ) 6 6
    6
    ---
      6
      6
      0
```

(10)
```
    2 2
3 ) 6 6
    6
    ---
      6
      6
      0
```

(8)
```
    1 7
2 ) 3 4
    2
    ---
    1 4
    1 4
      0
```

(11)
```
    3 2
2 ) 6 4
    6
    ---
      4
      4
      0
```

(9)
```
    1 9
3 ) 5 7
    3
    ---
    2 7
    2 7
      0
```

(12)
```
    1 6
3 ) 4 8
    3
    ---
    1 8
    1 8
      0
```

7

(1)
```
    2 6
2 ) 5 2
    4
    ---
    1 2
    1 2
      0
```

(4)
```
    3 3
2 ) 6 6
    6
    ---
      6
      6
      0
```

(2)
```
    1 3
4 ) 5 2
    4
    ---
    1 2
    1 2
      0
```

(5)
```
    1 7
3 ) 5 1
    3
    ---
    2 1
    2 1
      0
```

(3)
```
    3 4
2 ) 6 8
    6
    ---
      8
      8
      0
```

(6)
```
    2 3
3 ) 6 9
    6
    ---
      9
      9
      0
```

8	9	10

8

(7)
```
    2 8
2)5 6
  4
  1 6
  1 6
      0
```
(10)
```
    1 8
3)5 4
  3
  2 4
  2 4
      0
```
(8)
```
    2 9
2)5 8
  4
  1 8
  1 8
      0
```
(11)
```
    3 1
2)6 2
  6
    2
    2
    0
```
(9)
```
    2 1
3)6 3
  6
    3
    3
    0
```
(12)
```
    1 4
4)5 6
  4
  1 6
  1 6
      0
```

9

(1)
```
    1 3
2)2 6
  2
    6
    6
    0
```
(4)
```
    2 7
2)5 4
  4
  1 4
  1 4
      0
```
(2)
```
    1 2
4)4 8
  4
    8
    8
    0
```
(5)
```
    1 3
3)3 9
  3
    9
    9
    0
```
(3)
```
    1 1
3)3 3
  3
    3
    3
    0
```
(6)
```
    1 6
2)3 2
  2
  1 2
  1 2
      0
```

10

(7)
```
    1 5
3)4 5
  3
  1 5
  1 5
      0
```
(10)
```
    1 7
2)3 4
  2
  1 4
  1 4
      0
```
(8)
```
    1 8
2)3 6
  2
  1 6
  1 6
      0
```
(11)
```
    1 1
4)4 4
  4
    4
    4
    0
```
(9)
```
    1 9
3)5 7
  3
  2 7
  2 7
      0
```
(12)
```
    1 3
4)5 2
  4
  1 2
  1 2
      0
```

11	12	13

11

(1)
```
    1 7
3)5 1
  3
  2 1
  2 1
      0
```
(4)
```
    1 5
5)7 5
  5
  2 5
  2 5
      0
```
(2)
```
    1 1
6)6 6
  6
    6
    6
    0
```
(5)
```
    1 5
4)6 0
  4
  2 0
  2 0
      0
```
(3)
```
    1 2
6)7 2
  6
  1 2
  1 2
      0
```
(6)
```
    1 2
5)6 0
  5
  1 0
  1 0
      0
```

12

(7)
```
    1 1
7)7 7
  7
    7
    7
    0
```
(10)
```
    1 6
4)6 4
  4
  2 4
  2 4
      0
```
(8)
```
    1 3
5)6 5
  5
  1 5
  1 5
      0
```
(11)
```
    3 4
2)6 8
  6
    8
    8
    0
```
(9)
```
    1 4
5)7 0
  5
  2 0
  2 0
      0
```
(12)
```
    1 3
6)7 8
  6
  1 8
  1 8
      0
```

13

(1)
```
    2 3
3)6 9
  6
    9
    9
    0
```
(4)
```
    2 4
3)7 2
  6
  1 2
  1 2
      0
```
(2)
```
    4 3
2)8 6
  8
    6
    6
    0
```
(5)
```
    2 1
4)8 4
  8
    4
    4
    0
```
(3)
```
    1 2
7)8 4
  7
  1 4
  1 4
      0
```
(6)
```
    4 2
2)8 4
  8
    4
    4
    0
```

| 14 | 15 | 16 |

(7)
```
    2 6
3 ) 7 8
    6
    1 8
    1 8
        0
```
(10)
```
    1 6
5 ) 8 0
    5
    3 0
    3 0
        0
```
(1)
```
    4 4
2 ) 8 8
    8
      8
      8
      0
```
(4)
```
    3 3
3 ) 9 9
    9
      9
      9
      0
```
(7)
```
    2 8
3 ) 8 4
    6
    2 4
    2 4
        0
```
(10)
```
    1 3
7 ) 9 1
    7
    2 1
    2 1
        0
```

(8)
```
    2 2
4 ) 8 8
    8
      8
      8
      0
```
(11)
```
    1 4
6 ) 8 4
    6
    2 4
    2 4
        0
```
(2)
```
    3 2
3 ) 9 6
    9
      6
      6
      0
```
(5)
```
    1 5
6 ) 9 0
    6
    3 0
    3 0
        0
```
(8)
```
    1 9
5 ) 9 5
    5
    4 5
    4 5
        0
```
(11)
```
    3 1
3 ) 9 3
    9
      3
      3
      0
```

(9)
```
    3 9
2 ) 7 8
    6
    1 8
    1 8
        0
```
(12)
```
    1 1
8 ) 8 8
    8
      8
      8
      0
```
(3)
```
    2 3
4 ) 9 2
    8
    1 2
    1 2
        0
```
(6)
```
    1 2
8 ) 9 6
    8
    1 6
    1 6
        0
```
(9)
```
    1 1
9 ) 9 9
    9
      9
      9
      0
```
(12)
```
    1 6
6 ) 9 6
    6
    3 6
    3 6
        0
```

| 17 | 18 | 19 |

(1)
```
    1 6
2 ) 3 2
    2
    1 2
    1 2
        0
```
(4)
```
    2 3
3 ) 6 9
    6
      9
      9
      0
```
(7)
```
    2 2
3 ) 6 6
    6
      6
      6
      0
```
(10)
```
    1 8
5 ) 9 0
    5
    4 0
    4 0
        0
```
(1)
```
    1 3
2 ) 2 7
    2
      7
      6
      1
```
(3)
```
    1 1
3 ) 3 4
    3
      4
      3
      1
```

(2)
```
    2 4
2 ) 4 8
    4
      8
      8
      0
```
(5)
```
    4 7
2 ) 9 4
    8
    1 4
    1 4
        0
```
(8)
```
    2 2
4 ) 8 8
    8
      8
      8
      0
```
(11)
```
    2 4
4 ) 9 6
    8
    1 6
    1 6
        0
```
(2)
```
    1 2
3 ) 3 8
    3
      8
      6
      2
```
(4)
```
    1 4
2 ) 2 9
    2
      9
      8
      1
```

(3)
```
    1 4
4 ) 5 6
    4
    1 6
    1 6
        0
```
(6)
```
    4 8
2 ) 9 6
    8
    1 6
    1 6
        0
```
(9)
```
    2 9
3 ) 8 7
    6
    2 7
    2 7
        0
```
(12)
```
    1 4
7 ) 9 8
    7
    2 8
    2 8
        0
```

20

```
(5)      1 1        (8)      1 1
      2)2 3             3)3 5
        2                 3
          3                 5
          2                 3
          1                 2

(6)      1 0        (9)      1 0
      3)3 2             2)2 1
        3                 2
          2                 1
          0                 0
          2                 1

(7)      1 0        (10)     1 2
      3)3 1             3)3 7
        3                 3
          1                 7
          0                 6
          1                 1
```

21

```
(1)      2 1        (4)      1 0
      2)4 3             4)4 3
        4                 4
          3                 3
          2                 0
          1                 3

(2)      1 6        (5)      2 0
      2)3 3             2)4 1
        2                 4
        1 3                 1
        1 2                 0
          1                 1

(3)      1 1        (6)      1 7
      4)4 6             2)3 5
        4                 2
          6               1 5
          4               1 4
          2                 1
```

22

```
(7)      1 4        (10)     2 3
      3)4 3             2)4 7
        3                 4
        1 3                 7
        1 2                 6
          1                 1

(8)      2 2        (11)     1 2
      2)4 5             4)4 9
        4                 4
          5                 9
          4                 8
          1                 1

(9)      1 5        (12)     1 1
      3)4 7             4)4 5
        3                 4
        1 7                 5
        1 5                 4
          2                 1
```

23

```
(1)      1 5        (4)      1 1
      3)4 6             4)4 7
        3                 4
        1 6                 7
        1 5                 4
          1                 3

(2)      1 0        (5)      2 6
      5)5 2             2)5 3
        5                 4
          2               1 3
          0               1 2
          2                 1

(3)      1 8        (6)      1 0
      3)5 6             4)4 1
        3                 4
        2 6                 1
        2 4                 0
          2                 1
```

24

```
(7)      1 3        (10)     1 6
      4)5 5             3)4 9
        4                 3
        1 5               1 9
        1 2               1 8
          3                 1

(8)      1 1        (11)     1 0
      5)5 9             4)4 2
        5                 4
          9                 2
          5                 0
          4                 2

(9)      1 1        (12)     1 4
      5)5 7             4)5 7
        5                 4
          7               1 7
          5               1 6
          2                 1
```

25

```
(1)      1 0        (4)      1 7
      5)5 1             3)5 3
        5                 3
          1               2 3
          0               2 1
          1                 2

(2)      1 0        (5)      1 3
      3)3 2             4)5 3
        3                 4
          2               1 3
          0               1 2
          2                 1

(3)      1 4        (6)      1 0
      4)5 8             5)5 4
        4                 5
        1 8                 4
        1 6                 0
          2                 4
```

26

(7)
```
    1 9
3 ) 5 9
    3
    2 9
    2 7
      2
```

(8)
```
    1 1
5 ) 5 8
    5
    8
    5
    3
```

(9)
```
    1 2
4 ) 5 0
    4
    1 0
      8
      2
```

(10)
```
    2 4
2 ) 4 9
    4
      9
      8
      1
```

(11)
```
    1 3
3 ) 4 1
    3
    1 1
      9
      2
```

(12)
```
    1 1
5 ) 5 6
    5
      6
      5
      1
```

27

(1)
```
    1 4
4 ) 5 9
    4
    1 9
    1 6
      3
```

(2)
```
    1 8
3 ) 5 5
    3
    2 5
    2 4
      1
```

(3)
```
    1 6
4 ) 6 6
    4
    2 6
    2 4
      2
```

(4)
```
    3 1
2 ) 6 3
    6
      3
      2
      1
```

(5)
```
    1 2
5 ) 6 4
    5
    1 4
    1 0
      4
```

(6)
```
    1 0
6 ) 6 3
    6
      3
      0
      3
```

28

(7)
```
    2 7
2 ) 5 5
    4
    1 5
    1 4
      1
```

(8)
```
    1 5
4 ) 6 2
    4
    2 2
    2 0
      2
```

(9)
```
    1 4
5 ) 7 2
    5
    2 2
    2 0
      2
```

(10)
```
    1 2
5 ) 6 1
    5
    1 1
    1 0
      1
```

(11)
```
    2 2
3 ) 6 7
    6
      7
      6
      1
```

(12)
```
    1 1
6 ) 6 7
    6
      7
      6
      1
```

29

(1)
```
    2 1
3 ) 6 5
    6
      5
      3
      2
```

(2)
```
    1 3
5 ) 6 9
    5
    1 9
    1 5
      4
```

(3)
```
    1 2
6 ) 7 4
    6
    1 4
    1 2
      2
```

(4)
```
    2 1
4 ) 8 5
    8
      5
      4
      1
```

(5)
```
    1 0
7 ) 7 5
    7
      5
      0
      5
```

(6)
```
    4 1
2 ) 8 3
    8
      3
      2
      1
```

30

(7)
```
    2 5
3 ) 7 7
    6
    1 7
    1 5
      2
```

(8)
```
    1 9
4 ) 7 7
    4
    3 7
    3 6
      1
```

(9)
```
    2 6
3 ) 8 0
    6
    2 0
    1 8
      2
```

(10)
```
    1 6
5 ) 8 1
    5
    3 1
    3 0
      1
```

(11)
```
    1 3
6 ) 8 1
    6
    2 1
    1 8
      3
```

(12)
```
    1 0
8 ) 8 6
    8
      6
      0
      6
```

31

(1)
```
    1 1
7 ) 7 9
    7
      9
      7
      2
```

(2)
```
    2 2
4 ) 8 9
    8
      9
      8
      1
```

(3)
```
    1 0
8 ) 8 4
    8
      4
      0
      4
```

(4)
```
    1 5
5 ) 7 8
    5
    2 8
    2 5
      3
```

(5)
```
    1 3
6 ) 8 3
    6
    2 3
    1 8
      5
```

(6)
```
    1 0
9 ) 9 4
    9
      4
      0
      4
```

32

(7)
```
    2 5
3 ) 7 6
    6
    1 6
    1 5
      1
```

(10)
```
    1 7
5 ) 8 6
    5
    3 6
    3 5
      1
```

(8)
```
    2 2
4 ) 9 1
    8
    1 1
      8
      3
```

(11)
```
    1 5
6 ) 9 1
    6
    3 1
    3 0
      1
```

(9)
```
    1 0
9 ) 9 7
    9
      7
      0
      7
```

(12)
```
    1 9
5 ) 9 8
    5
    4 8
    4 5
      3
```

33

(1)
```
    1 6
3 ) 5 0
    3
    2 0
    1 8
      2
```

(4)
```
    1 7
4 ) 7 1
    4
    3 1
    2 8
      3
```

(2)
```
    1 2
7 ) 8 8
    7
    1 8
    1 4
      4
```

(5)
```
    1 1
6 ) 6 9
    6
      9
      6
      3
```

(3)
```
    1 3
5 ) 6 8
    5
    1 8
    1 5
      3
```

(6)
```
    1 2
7 ) 8 5
    7
    1 5
    1 4
      1
```

34

(7)
```
    2 5
3 ) 7 6
    6
    1 6
    1 5
      1
```

(10)
```
    1 4
5 ) 7 4
    5
    2 4
    2 0
      4
```

(8)
```
    1 0
8 ) 8 2
    8
      2
      0
      2
```

(11)
```
    1 1
7 ) 7 8
    7
      8
      7
      1
```

(9)
```
    1 4
6 ) 8 5
    6
    2 5
    2 4
      1
```

(12)
```
    1 2
8 ) 9 8
    8
    1 8
    1 6
      2
```

35

(1)
```
    2 7
2 ) 5 5
    4
    1 5
    1 4
      1
```

(4)
```
    1 4
3 ) 4 4
    3
    1 4
    1 2
      2
```

(2)
```
    1 6
3 ) 4 9
    3
    1 9
    1 8
      1
```

(5)
```
    1 0
5 ) 5 1
    5
      1
      0
      1
```

(3)
```
    1 1
3 ) 3 5
    3
      5
      3
      2
```

(6)
```
    1 4
4 ) 5 9
    4
    1 9
    1 6
      3
```

36

(7)
```
    2 5
2 ) 5 1
    4
    1 1
    1 0
      1
```

(10)
```
    1 3
4 ) 5 4
    4
    1 4
    1 2
      2
```

(8)
```
    1 1
4 ) 4 6
    4
      6
      4
      2
```

(11)
```
    1 3
3 ) 4 0
    3
    1 0
      9
      1
```

(9)
```
    1 8
3 ) 5 5
    3
    2 5
    2 4
      1
```

(12)
```
    1 0
5 ) 5 3
    5
      3
      0
      3
```

37

(1)
```
    2 8
2 ) 5 7
    4
    1 7
    1 6
      1
```

(4)
```
    1 2
6 ) 7 6
    6
    1 6
    1 2
      4
```

(2)
```
    1 9
3 ) 5 8
    3
    2 8
    2 7
      1
```

(5)
```
    1 1
8 ) 9 0
    8
    1 0
      8
      2
```

(3)
```
    1 0
9 ) 9 1
    9
      1
      0
      1
```

(6)
```
    1 0
7 ) 7 4
    7
      4
      0
      4
```

38

(7)
```
    1 7
4 ) 7 0
    4
    3 0
    2 8
      2
```

(10)
```
    1 4
6 ) 8 7
    6
    2 7
    2 4
      3
```

(8)
```
    1 2
8 ) 9 7
    8
    1 7
    1 6
      1
```

(11)
```
    1 3
5 ) 6 9
    5
    1 9
    1 5
      4
```

(9)
```
    1 3
7 ) 9 4
    7
    2 4
    2 1
      3
```

(12)
```
    1 0
9 ) 9 3
    9
      3
      0
      3
```

39

(1)
```
    1 9
2 ) 3 9
    2
    1 9
    1 8
      1
```

(4)
```
    2 9
2 ) 5 9
    4
    1 9
    1 8
      1
```

(2)
```
    1 7
3 ) 5 2
    3
    2 2
    2 1
      1
```

(5)
```
    1 4
5 ) 7 1
    5
    2 1
    2 0
      1
```

(3)
```
    1 1
6 ) 6 8
    6
      8
      6
      2
```

(6)
```
    1 2
7 ) 8 9
    7
    1 9
    1 4
      5
```

40

(7)
```
    1 3
3 ) 4 0
    3
    1 0
      9
      1
```

(10)
```
    1 2
4 ) 5 1
    4
    1 1
      8
      3
```

(8)
```
    1 2
7 ) 8 7
    7
    1 7
    1 4
      3
```

(11)
```
    1 3
5 ) 6 7
    5
    1 7
    1 5
      2
```

(9)
```
    2 4
3 ) 7 3
    6
    1 3
    1 2
      1
```

(12)
```
    1 3
6 ) 8 1
    6
    2 1
    1 8
      3
```

1

(1)
```
    1 5
3 ) 4 5
    3
    1 5
    1 5
      0
```

(4)
```
    1 4
6 ) 8 5
    6
    2 5
    2 4
      1
```

(2)
```
    1 9
4 ) 7 6
    4
    3 6
    3 6
      0
```

(5)
```
    1 0
5 ) 5 3
    5
      3
      0
      3
```

(3)
```
    3 2
2 ) 6 4
    6
      4
      4
      0
```

(6)
```
    1 3
7 ) 9 7
    7
    2 7
    2 1
      6
```

2

(7)
```
    2 9
2 ) 5 8
    4
    1 8
    1 8
      0
```

(10)
```
    1 5
5 ) 7 7
    5
    2 7
    2 5
      2
```

(8)
```
    3 1
3 ) 9 3
    9
      3
      3
      0
```

(11)
```
    1 1
6 ) 7 1
    6
    1 1
      6
      5
```

(9)
```
    2 1
4 ) 8 4
    8
      4
      4
      0
```

(12)
```
    1 1
7 ) 8 3
    7
    1 3
      7
      6
```

3	4	5	6
(1) 13	(8) 12	(1) 22	(9) 20
(2) 12	(9) 20	(2) 21	(10) 15
(3) 23	(10) 13	(3) 16	(11) 31
(4) 10	(11) 24	(4) 11	(12) 18
(5) 11	(12) 10	(5) 14	(13) 23
(6) 11	(13) 10	(6) 10	(14) 22
(7) 21	(14) 11	(7) 17	(15) 25
	(15) 12	(8) 11	(16) 10

7	8	9	10
(1) 19	(9) 10	(1) 11	(9) 11
(2) 10	(10) 20	(2) 12	(10) 17
(3) 15	(11) 40	(3) 27	(11) 34
(4) 30	(12) 13	(4) 13	(12) 18
(5) 16	(13) 11	(5) 14	(13) 33
(6) 28	(14) 18	(6) 26	(14) 10
(7) 10	(15) 19	(7) 10	(15) 13
(8) 12	(16) 14	(8) 20	(16) 17

11	12	13	14
(1) 11	(9) 42	(1) 16	(9) 10
(2) 22	(10) 38	(2) 30	(10) 34
(3) 44	(11) 15	(3) 33	(11) 14
(4) 12	(12) 13	(4) 13	(12) 24
(5) 37	(13) 30	(5) 27	(13) 48
(6) 41	(14) 43	(6) 14	(14) 13
(7) 15	(15) 32	(7) 23	(15) 18
(8) 25	(16) 26	(8) 12	(16) 12

15	16	17	18
(1) 22	(9) 28	(1) 31	(9) 31
(2) 17	(10) 11	(2) 21	(10) 15
(3) 49	(11) 14	(3) 10	(11) 14
(4) 29	(12) 16	(4) 36	(12) 39
(5) 16	(13) 47	(5) 11	(13) 19
(6) 32	(14) 19	(6) 17	(14) 22
(7) 24	(15) 45	(7) 15	(15) 15
(8) 46	(16) 35	(8) 25	(16) 12

19	20	21	22
(1) 11···1	(8) 12···1	(1) 14···1	(9) 24···1
(2) 10···1	(9) 20···1	(2) 11···1	(10) 19···1
(3) 10···2	(10) 12···2	(3) 11···1	(11) 11···2
(4) 10···1	(11) 13···1	(4) 16···1	(12) 11···1
(5) 10···3	(12) 11···2	(5) 18···1	(13) 10···2
(6) 21···1	(13) 10···2	(6) 23···1	(14) 12···1
(7) 12···1	(14) 22···1	(7) 13···1	(15) 16···2
	(15) 11···2	(8) 12···2	(16) 15···2

23	24	25	26
(1) 11···3	(9) 10···1	(1) 21···1	(9) 10···2
(2) 14···1	(10) 14···2	(2) 11···1	(10) 10···1
(3) 18···2	(11) 15···1	(3) 10···2	(11) 24···1
(4) 17···1	(12) 10···4	(4) 10···2	(12) 11···1
(5) 11···1	(13) 11···3	(5) 12···1	(13) 12···2
(6) 16···1	(14) 13···1	(6) 11···2	(14) 18···1
(7) 13···2	(15) 15···1	(7) 14···3	(15) 14···2
(8) 11···4	(16) 10···3	(8) 17···2	(16) 25···1

27	28	29	30
(1) 20…1	(9) 27…1	(1) 23…1	(9) 14…2
(2) 11…2	(10) 10…2	(2) 12…2	(10) 10…2
(3) 29…1	(11) 10…5	(3) 11…1	(11) 33…1
(4) 11…2	(12) 17…1	(4) 14…1	(12) 28…1
(5) 12…1	(13) 14…1	(5) 30…1	(13) 20…1
(6) 12…3	(14) 12…1	(6) 10…3	(14) 16…3
(7) 10…1	(15) 11…3	(7) 19…2	(15) 10…4
(8) 26…1	(16) 11…3	(8) 13…2	(16) 10…4

31	32	33	34
(1) 22…1	(9) 22…2	(1) 11…3	(9) 11…2
(2) 12…1	(10) 16…1	(2) 12…2	(10) 31…1
(3) 13…4	(11) 15…3	(3) 15…2	(11) 13…3
(4) 11…4	(12) 15…4	(4) 10…5	(12) 22…1
(5) 20…2	(13) 10…2	(5) 12…4	(13) 17…1
(6) 19…1	(14) 13…2	(6) 16…1	(14) 11…2
(7) 10…1	(15) 15…1	(7) 11…4	(15) 13…1
(8) 10…1	(16) 21…1	(8) 11…5	(16) 14…3

ME03

35	36	37	38	39	40
(1) 10 ··· 4	(9) 10 ··· 2	(1) 11 ··· 1	(9) 32 ··· 1	(1) 21 ··· 2	(9) 10 ··· 3
(2) 15 ··· 1	(10) 13 ··· 1	(2) 14 ··· 2	(10) 13 ··· 3	(2) 10 ··· 3	(10) 36 ··· 1
(3) 18 ··· 1	(11) 11 ··· 1	(3) 14 ··· 2	(11) 18 ··· 3	(3) 14 ··· 3	(11) 18 ··· 2
(4) 10 ··· 1	(12) 12 ··· 4	(4) 24 ··· 1	(12) 12 ··· 3	(4) 12 ··· 1	(12) 35 ··· 1
(5) 11 ··· 3	(13) 18 ··· 2	(5) 10 ··· 6	(13) 34 ··· 1	(5) 16 ··· 2	(13) 11 ··· 1
(6) 14 ··· 4	(14) 14 ··· 1	(6) 10 ··· 3	(14) 25 ··· 1	(6) 19 ··· 3	(14) 16 ··· 2
(7) 12 ··· 5	(15) 17 ··· 2	(7) 15 ··· 2	(15) 19 ··· 1	(7) 39 ··· 1	(15) 15 ··· 1
(8) 13 ··· 1	(16) 12 ··· 3	(8) 23 ··· 1	(16) 26 ··· 1	(8) 15 ··· 3	(16) 25 ··· 2

ME04

1	2	3	4	5	6
(1) 12	(9) 10 ··· 2	(1) 10 ··· 2	(9) 10 ··· 3	(1) 12 ··· 3	(9) 33
(2) 15	(10) 31 ··· 1	(2) 10 ··· 3	(10) 21 ··· 1	(2) 10 ··· 4	(10) 17 ··· 2
(3) 21	(11) 11 ··· 2	(3) 13 ··· 4	(11) 20 ··· 3	(3) 43 ··· 1	(11) 40 ··· 1
(4) 13	(12) 10 ··· 3	(4) 20 ··· 2	(12) 23 ··· 2	(4) 16	(12) 24 ··· 2
(5) 13 ··· 1	(13) 19 ··· 2	(5) 22 ··· 2	(13) 20 ··· 1	(5) 30 ··· 1	(13) 21 ··· 1
(6) 12 ··· 3	(14) 38 ··· 1	(6) 44 ··· 1	(14) 12	(6) 13 ··· 2	(14) 19 ··· 2
(7) 11 ··· 2	(15) 19 ··· 1	(7) 11 ··· 2	(15) 34 ··· 1	(7) 18 ··· 1	(15) 12 ··· 4
(8) 18 ··· 1	(16) 17 ··· 3	(8) 19 ··· 2	(16) 11 ··· 3	(8) 12 ··· 2	(16) 22 ··· 1

7	8	9	10	11	12
(1) 23	(9) 10…5	(1) 26	(9) 20…1	(1) 10…4	(9) 31…1
(2) 10…2	(10) 28	(2) 10…2	(10) 18…2	(2) 12…3	(10) 10…8
(3) 12…2	(11) 22…1	(3) 10…1	(11) 10…4	(3) 41	(11) 16…1
(4) 21…2	(12) 10…3	(4) 23…1	(12) 33…1	(4) 10…2	(12) 13…3
(5) 42…1	(13) 20…2	(5) 17…1	(13) 41…1	(5) 10…5	(13) 11
(6) 14…1	(14) 26…1	(6) 11…1	(14) 19	(6) 14…3	(14) 12…3
(7) 17…2	(15) 13…4	(7) 12…3	(15) 14…4	(7) 17…1	(15) 19…1
(8) 17…3	(16) 37…1	(8) 21…3	(16) 13…1	(8) 12…1	(16) 12…6

13	14	15	16	17	18
(1) 11	(9) 10…3	(1) 10…7	(9) 23	(1) 10	(9) 27…1
(2) 10…5	(10) 14…1	(2) 30…2	(10) 14…2	(2) 21…2	(10) 10…2
(3) 30…1	(11) 31…2	(3) 36…1	(11) 15…3	(3) 14…1	(11) 13…3
(4) 12…1	(12) 16…2	(4) 10…4	(12) 11…5	(4) 12…4	(12) 10…1
(5) 10…6	(13) 10…7	(5) 16…2	(13) 10…1	(5) 32…1	(13) 40
(6) 26…2	(14) 12…4	(6) 13…1	(14) 32…2	(6) 37	(14) 16…1
(7) 12…1	(15) 12…3	(7) 16…3	(15) 12…5	(7) 24…1	(15) 15…2
(8) 14…4	(16) 13…5	(8) 16…2	(16) 11…2	(8) 15…2	(16) 11…5

19	20	21	22	23	24
(1) 14···1	(9) 11	(1) 22	(9) 12	(1) 14	(9) 15···1
(2) 19	(10) 21	(2) 11···2	(10) 25···1	(2) 14···1	(10) 28
(3) 11	(11) 12···1	(3) 32···1	(11) 13···4	(3) 10···1	(11) 14···2
(4) 12···2	(12) 13···2	(4) 15···2	(12) 42	(4) 12···1	(12) 12···2
(5) 10···1	(13) 15···4	(5) 17···1	(13) 17···2	(5) 19···1	(13) 16···4
(6) 29···1	(14) 11···4	(6) 17···1	(14) 16···3	(6) 25···2	(14) 18···3
(7) 22	(15) 22···2	(7) 28···1	(15) 35···1	(7) 11···3	(15) 10
(8) 17···3	(16) 11···7	(8) 18···1	(16) 23···2	(8) 13···3	(16) 15···4

25	26	27	28	29	30
(1) 12	(9) 23	(1) 10···1	(9) 16	(1) 18	(9) 12···1
(2) 15···1	(10) 11···3	(2) 16···2	(10) 14···3	(2) 11···1	(10) 14···5
(3) 10···5	(11) 16···3	(3) 11···5	(11) 14	(3) 10···1	(11) 14
(4) 29···2	(12) 45···1	(4) 13···3	(12) 11···6	(4) 14	(12) 14···1
(5) 43	(13) 11	(5) 21	(13) 16	(5) 31	(13) 10
(6) 14···3	(14) 15···3	(6) 29···1	(14) 25···1	(6) 19···1	(14) 19···3
(7) 16···3	(15) 12···3	(7) 17···4	(15) 11···5	(7) 27···2	(15) 15···1
(8) 15···3	(16) 18···3	(8) 13···2	(16) 19···4	(8) 19···1	(16) 19···2

31	32	33	34	35	36
(1) 11…2	(9) 11…1	(1) 11…2	(9) 10…1	(1) 15	(9) 22…1
(2) 11…1	(10) 14…1	(2) 11	(10) 12	(2) 10…2	(10) 13…1
(3) 37…1	(11) 11…6	(3) 22	(11) 13…1	(3) 12…3	(11) 15
(4) 10	(12) 16	(4) 15…1	(12) 26	(4) 25	(12) 11…4
(5) 10…2	(13) 12…1	(5) 12	(13) 11…4	(5) 11…1	(13) 14…2
(6) 16…1	(14) 18	(6) 26…1	(14) 15…3	(6) 25	(14) 15
(7) 14	(15) 13…2	(7) 22…3	(15) 28…2	(7) 15…1	(15) 29
(8) 15…5	(16) 47…1	(8) 11…4	(16) 15	(8) 13	(16) 13…6

37	38	39	40
(1) 23…1, 23, 1, 47	(6) 12…1, 12, 1, 25	(1) 26…1, 26, 1, 53	(6) 22…2, 22, 2, 68
(2) 18…1, 18, 1, 37	(7) 19…2, 19, 2, 59	(2) 15…1, 15, 1, 46	(7) 15…1, 15, 1, 76
(3) 13…3, 13, 3, 55	(8) 11…2, 11, 2, 35	(3) 14…1, 14, 1, 57	(8) 11…2, 11, 2, 68
(4) 13…2, 13, 2, 41	(9) 10…3, 10, 3, 43	(4) 11…2, 11, 2, 79	(9) 11…4, 11, 4, 81
(5) 11…3, 11, 3, 58	(10) 13…1, 13, 1, 53	(5) 11…3, 11, 3, 69	(10) 11…7, 11, 7, 95

1	2	3	4
(1) 7	(9) 6···1	(1) 14···2	(9) 29···1
(2) 9	(10) 8···2	(2) 15···1	(10) 14···3
(3) 14	(11) 7···1	(3) 15···2	(11) 13···2
(4) 14	(12) 4···4	(4) 15···4	(12) 23···2
(5) 32	(13) 4···1	(5) 31···1	(13) 20···3
(6) 13	(14) 7···2	(6) 17···1	(14) 27···2
(7) 12	(15) 7···7	(7) 18···3	(15) 18···1
(8) 12	(16) 4···3	(8) 17···4	(16) 13···2

5	6	7	8
(1) 35···1	(9) 41···1	(1) 14	(9) 14
(2) 11···2	(10) 22···2	(2) 11	(10) 21
(3) 13···4	(11) 18···1	(3) 15	(11) 17
(4) 17···1	(12) 12···4	(4) 16	(12) 17
(5) 17···1	(13) 22···2	(5) 13	(13) 43
(6) 21···2	(14) 13···4	(6) 29	(14) 32
(7) 15···2	(15) 31···1	(7) 33	(15) 13
(8) 11···1	(16) 11···4	(8) 15	(16) 11

9	10	11	12
(1) 7…1, 5…1	(7) 8…1, 4…2	(1) 14…1, 11…2	(7) 45…1, 13…2
(2) 5…1, 6…4	(8) 6…1, 5…3	(2) 18…1, 12…1	(8) 19…1, 15…3
(3) 8…1, 6…4	(9) 3…2, 5…1	(3) 19…2, 12…2	(9) 15…2, 11…4
(4) 3…2, 4…2	(10) 6…1, 4…5	(4) 22…1, 12…3	(10) 11…3, 11…2
(5) 3…3, 4…6	(11) 8…3, 7…6	(5) 18…3, 11…6	(11) 18…3, 13…3
(6) 6…3, 8…8	(12) 8…3, 7…7	(6) 11…3, 10…8	(12) 12…2, 15…5

13	14	15	16
(1) 30장	(4) 14개	(1) 24명	(4) 12개
(2) 13개	(5) 13줄	(2) 32개	(5) 1개
(3) 21개	(6) 12개, 2개	(3) 13cm	(6) 5접시, 5개